地球を緑に Ⅱ
―産業植林調査概要報告書―

（一社）海外産業植林センター（JOPP）／編

J-FIC

刊行にあたって

　一般社団法人・海外産業植林センター（Japan Overseas Plantation Promotion Center（JOPP））は、海外における産業植林に関する調査研究等の事業を行うために 1998 年に設立されました。JOPPの前身である社団法人・南方造林協会は、1970 年に設立され、東南アジア、オセアニアにおいて造林試験を実施するとともに、森林資源調査を行ってきましたが、発展的に改組されて JOPP となりました。爾来、JOPP は、主に日本製紙連合会の委託を受けて、植林適地調査など海外産業植林に関する調査を実施してきました。

　このような調査が実施される主な背景としては、日本製紙連合会が、海外植林を積極的に推進することを業界が一体となって取り組むべき課題と位置づけ、「環境に関する行動計画」において、2030年度までに会員企業が所有または管理する国内外の植林地の面積を 80 万 ha にするという目標を掲げ取り組んできたということがあります。この結果、2016 年末における会員企業の海外植林の実績は、11 カ国で 31 プロジェクト、44 万 7,000ha に達しています。

　JOPP の設立 10 周年にあたっては、それまでに実施した調査の概要を取り纏めて、産業植林調査概要報告書である「地球を緑に」を 2009 年に日本林業調査会（J-FIC）から出版いたしました。その後も引き続き、JOPP は海外産業植林に関する調査を実施してきましたが、このたび設立 20 周年ということで、2009 年以降に日本製紙連合会の委託により実施した調査の概要を取り纏めて、「地球を緑にⅡ」として出版することとなりました。本書が、海外産業植林に取り組む関係者の皆様にとって、植林事業推進の一助になれば幸いです。

　2018 年 6 月 1 日

日本製紙連合会常務理事　上河　潔

Contents

刊行にあたって……………………………………………………………………………………3

調査事業報告

1．インドにおける早世広葉樹植林賦存状況調査………………………………… 11

    1　インドの製紙産業の現状…11

    2　木材パルプの生産、輸入及び消費…13

    3　インドにおける製紙原料の供給…14

    4　インドにおける製紙原料需要の将来予測…17

    5　インドの農民植林プログラム…18

    6　農民植林プログラムから見たパルプ材供給の将来展望…21

    7　インド企業による木材チップ輸入の歴史…22

    8　インドにおける木材チップ輸入の将来展望…23

    9　インドの木材チップ輸入が日本に与える影響…25

    10　日本企業におけるインドでの植林投資の可能性…26

    11　結論…26

2．海外植林地における生物多様性配慮に関する調査・研究……………………… 29

    1　調査・研究の目的…29

    2　産業植林における生物多様性配慮の取り組みの現状（企業アンケート）…30

    3　海外産業植林と生物多様性に関するステークホルダーに対するヒアリング…31

    4　生活者意識調査…33

    5　海外植林地における生物多様性配慮のあり方についての提言…35

    6　今後の課題…37

    7　製紙業界の海外植林における生物多様性配慮についての広報戦略（案）…42

3．海外における木質バイオマス植林実施可能性調査……………………………… 47

    1　調査の目的…47

    2　木質バイオマスの需要の現状…47

    3　木質バイオマスの供給の現状…52

    4　木質バイオマスの需要予測…55

    5　2020 年までの木質バイオマス需要の予測…58

6　バイオマスの供給ソースに関する議論…60

7　木質バイオマス専用のプランテーションの面積…62

8　木質バイオマス植林の世界のバイオマス供給量に占める割合の推定…64

9　エネルギー用のバイオマス植林の土地の選定の上での留意点…65

10　木質バイオマス植林で用いられる樹種…65

11　木質バイオマス植林地開発の将来の展望…66

12　どの樹種が最も利用されるのか…68

13　将来木質バイオマス植林の投資はどの地域で行われるか…69

14　東南アジアにおける木質バイオマスの需要及び供給の現状…70

15　日本の製紙企業が所有する植林地において木質バイオマスを生産する可能性…81

4．海外植林における遺伝子組み換え樹木植林可能性調査……………………………… 85

1　遺伝子組み換え技術…85

2　遺伝子組み換え生物に関する規制…85

3　遺伝子組み換え樹木の現状…86

4　遺伝子組み換え樹木の評価…88

5　遺伝子組み換え樹木による植林の可能性…89

5．海外植林におけるナショナルリスクアセスメント手法の開発……………………… 95

1　世界の違法伐採の現状…95

2　世界の違法伐採対策の現状…96

3　違法伐採の定義…96

4　デューディリジェンス…97

5　先進国の違法伐採対策…98

6　原産国の違法伐採対策…104

7　欧米規制と第三者認証制度…105

8　海外植林のナショナルリスクアセスメント手法の開発…106

9　結論と今後の課題…108

6．海外植林事業における新たな経営手法の開発調査………………………………………111

1　TIMO 及び REIT の概要…111

2　経営体としての TIMO 及び REIT…113

3　TIMO 及び REIT 等大規模森林所有の地域的展開…113

4　世界の大規模森林所有…115

5　TIMO 及び REIT の特徴及び課題…116

6　TIMO 上位 30 社のプロフィール…116

資料

1．生物多様性保全に関する日本製紙連合会行動指針…131

2．日本製紙連合会・合法証明デューディリジェンスシステム（DDS）・マニュアル…135

3．（一般社団法人）海外産業植林センターへの調査委託の経緯…147

調査事業報告

1　インドにおける早生広葉樹植林賦存状況調査

1　インドの製紙産業の現状

　インドにおける紙および板紙の生産は、過去32年間、7.3％という驚くべき年平均成長率で成長してきた。RISIが収集したデータによれば、生産量の合計は1981年にわずか110万tだったのが、2013年には1,060万tに拡大している（図1）。2013年現在、インドはスウェーデンに次いで世界第8位の紙・板紙生産国となっており、そのすぐ後にフィンランドが続いている。

　1996年以降、ティッシュペーパーの生産量は年間成長率10.9％以上と最も急速に伸びているものの、その量自体は極めて少ない。圧倒的に生産量の増加が大きいのは、図2に「その他の紙・板紙（Other Paper & Board）」として示されている包装グレードの板紙である。板紙の生産量は、1996年から2013年の期間に360万t増加した。インドにおけるその他の紙の生産量拡大の大部分は印刷・筆記（P&W：printing & writing）用紙で、過去17年間で250万tの増加となっている。インドにおける一人当たり紙及び板紙消費量は急速に増加しており、2001年から2013年までに82％増えて10.1 kg／人となっている。しかしながら、これは中国の75 kg／人、韓国の195 kg／人、日本の215 kg／人と比べると、依然としてかなり小さい数字である。

　2013年のインドの紙・板紙生産量に占める割合は、印刷・筆記用紙37％、段ボール原紙（Containerboard）28％、紙器用板紙（Boxboard）21.5％、新聞（Newsprint）10.8％となっている（図3）。ティッシュペーパー（Tissue）の割合はわずか1.4％であり「その他の紙・板紙（Other

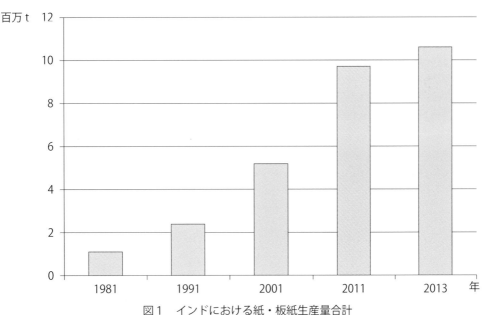

図1　インドにおける紙・板紙生産量合計

Paper & Board)」も同様の量となっている。

インドの紙・板紙輸出量は、2000年の1億6,400万ドルから2014年には11億ドルになると見込まれ、年間成長率は14.7%となる（図4）。輸入量の増加率はやや緩やかだが（年率約13.4%）、金額的にははるかに高く、2000年の4億3,700万ドルから2014年には25億ドルとなる見込みである。このため、インドの紙・板紙における貿易赤字は、同期間に2億7,400万ドルから14億ドルに拡大している。

インドの紙・板紙の輸入量は、1993年の31万tから2013年には推定220万tにまで増大した。輸出量も、1991年にはわずか2万7,000tだったものが、2014年には43万3,000tに増大した。これは、純輸入量が増大しており、インドにおける紙と板紙の合計消費量が1993年の300万t未満から

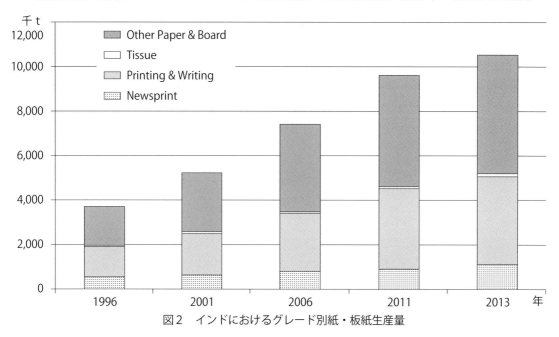

図2　インドにおけるグレード別紙・板紙生産量

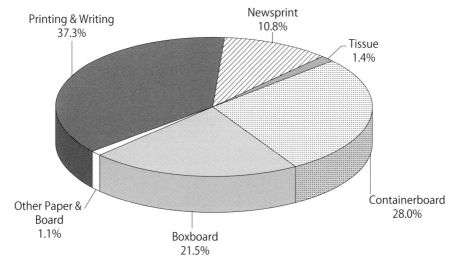

図3　インドにおけるグレード別紙・板紙生産数量割合（2013年）

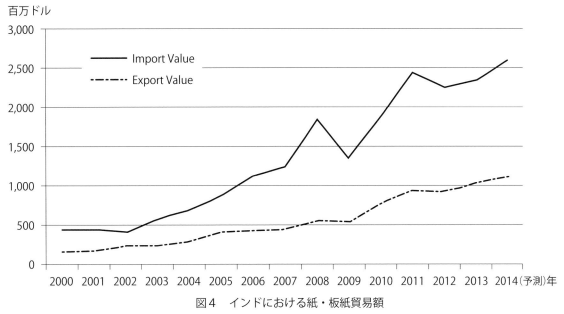

図4　インドにおける紙・板紙貿易額

2013年には1,240万tに増大したことを意味している。2014年は通貨が比較的弱かったため、紙・板紙の輸入量は220万tで横ばいであったが、輸出量は推定52万3,000tに増加した。

輸入量が国内生産の増加を上回る速さで増大しているため、インドの紙・板紙の自給率は1993年の90.5％から2013年には85.7％に低下している。印刷・筆記用紙の自給率は93％、その他のグレードでは完全に自給できているが、新聞用紙の自給率はわずか46％である。

2　木材パルプの生産、輸入及び消費

インドはチリに次いで世界で第11位の木材パルプ（wood pulp）生産国であり、その後にドイツが続いている。輸入パルプのシェアは、1996年にはインドにおける紙用木材パルプ消費量の20％であったが、2013年には木材パルプ消費量の31％に増加した。1996年（製紙業界は130万tを利用）から2005年（同140万t）の期間に、インドにおける木材パルプ消費量はほとんど増えていない。しかし2005年～2011年の期間に、木材パルプの消費量は100万t増えており、これは70％の増加にあたる。だが、2012年～2013年になると再びパルプ消費量はほとんど増えていない。2014年の生産統計はないが、同年10月末までに化学パルプの輸入量は2013年の同時期と比べて4.6％減少している。

溶解パルプ（dissolving pulp）の生産は、パルプ1tにつき紙用パルプと比べてはるかに大量の木材を消費するため、木材の供給が深刻に不足しているインドのような国では、過去10年間溶解パルプの生産量がまったく増えていないことにそれほど驚くことはないだろう。しかしそれとは対照的に、特に過去6年間、溶解パルプの輸入は急速に拡大している。インドにおける溶解パルプの輸入量は2008年以降3倍以上に増えており、2008年の10万tから2014年には32万tになると推測される。

2014年の最初の10カ月間に、インドは合計87万4,000 tの木材パルプを輸入した。うち27%が溶解パルプ、58%が化学パルプであった。輸入された化学パルプの大半が晒し広葉樹クラフトパルプ（BHKP）で化学パルプ輸入量の75%を占め、晒し針葉樹クラフトパルプ（BSKP）が25%を占めていた。2014年のインド向け木材パルプの最大の供給国はアメリカで、全体の20%を供給し、次いでカナダ（15%）、インドネシア（14%）、スウェーデン（13%）の順となっている。

3　インドにおける製紙原料の供給

　過去20年のインドの製紙業界の成長のほとんどは古紙（recoverd paper）の消費拡大に支えられていた。1996年〜2013年の期間に、木材パルプの消費量は年平均成長率3.9%で増加したが、古紙の消費量は年率8.0%増加した。この期間には非木材パルプの利用も年率5.0%増加したが、最近では木材パルプと非木材パルプの消費量はいずれも横ばいとなっている。1996年には古紙は製紙業界向け繊維原料の39%を占めていたが、木材パルプは34%、非木材パルプは27%であった。しかし2013年になると、古紙がそのシェアを55%にまで伸ばす一方、木材パルプは23%、非木材パルプは22%にまで低下した（図5）。

　インドで最も木材を使用する製紙企業はBILT、ITC、JK Paper、Hindustan Paper、West Coast Paperである。今回の調査ではこのうち3社を訪問した。これらの企業の製紙工場はすべて一貫工場であり、インドには市販用パルプ工場はない点に留意されたい。BILT（別名Ballarpur Industries Ltd）は5つ、ITCは4つ、JK PaperとAPPMはそれぞれ2つの製紙工場を持っている。

　インドにおいて利用可能なパルプ材供給の半分以上はユーカリ（*Eucalyptus*）であり、残りのほとんどがギンネム（現地名subabul：*Leucaena*）、モクマオウ（*Casuarinaceae*）、ポプラ（poplar）、タ

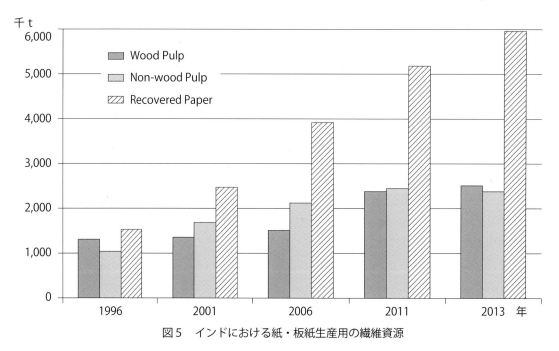

図5　インドにおける紙・板紙生産用の繊維資源

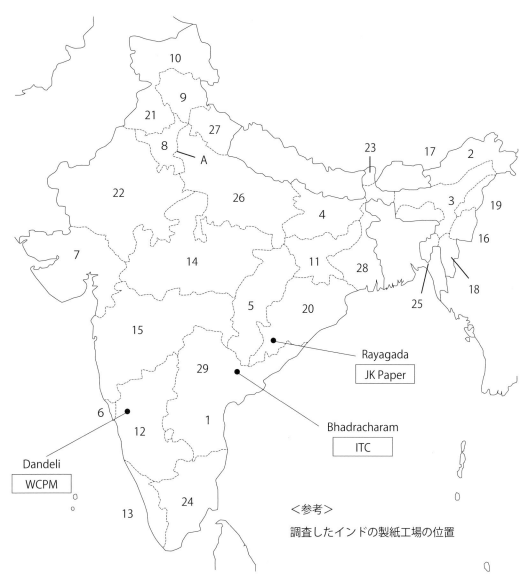

<参考>
調査したインドの製紙工場の位置

ケ（bamboo）である。国内から1年間にインドの市場に供給されるパルプ材は、合計で推定800万GMT（グリーントン）であるが、製紙業界がフル稼働するためにはおよそ1,000万GMTが必要である。これは年間約200万GMTの不足という計算になる。製紙業界は農民植林プログラムを拡大しようと努めてきたが、国内からの木材供給は需要を満たすのに不十分であるため、2013年に一部の企業は木材チップの輸入も開始した。

インドでは、国内の製紙工場での古紙原料の必要量を賄うために、輸入古紙を増加させ、国内の紙の再生利用を拡大させてきた。国内の古紙産出は2000年の150万tから2012年、2013年は350万tと、2倍以上に増加した。だが古紙の輸入量はこれを上回るスピードで増加し、2000年の75万tから2013年には250万tになり、2014年には310万tになると推測される。インド国内での古紙回収率（recovery rate）はかなり低く、RISIの見積りによれば約27％であるが、多くの企業が国内での古紙供給量を増やすためにこの回収率を高める努力をしている。それでもまだ、インドは輸入古紙

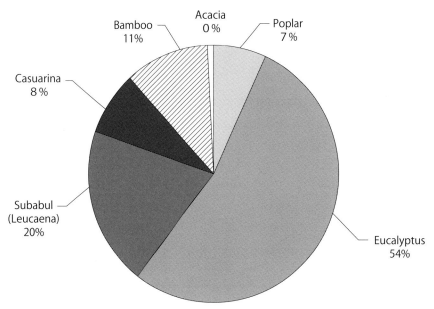

図6　インドにおけるパルプ材の樹種構成

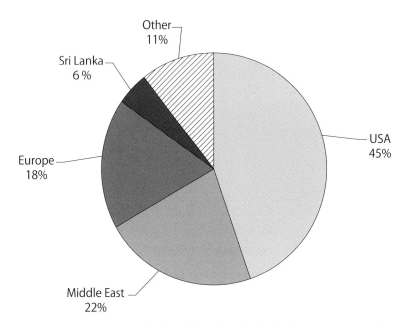

図7　インドにおける古紙供給国と輸入数量割合（2014年1〜10月）

に大きく依存している。

　驚くことではないが、インドへの最大の古紙供給国は、アメリカである（中国も同様の立場である）。2014年の最初の10カ月間に、インドの古紙輸入に占めるアメリカの割合は45％であった。2番目の供給元は中東で輸入量の22％を占め、次いでヨーロッパの18％となっている。

4 インドにおける製紙原料需要の将来予測

インドの全製紙工場がフル稼働したとすると、パルプ材の需要は合計 975 万 GMT になると推定される。現在パルプ及び製紙業界が利用できる木材の供給量は推定およそ 775 万 GMT であり、約 200 万 GMT が純粋に不足する（合計生産能力に対して）。将来的に需要が増えた場合の需要予測については以下の通りである。

・IPMA（Indian Paper Manufactures Association：インド製紙工業連合会）によれば、インドにおける紙および板紙の一人当たり消費量は、2013 年の 10.5 kg ／人から 2022 年には 17 kg ／人に増えるであろう。

・これは紙および板紙の消費量が 2013 年の 1,240 万 t から 2022 年には 2,300 万 t に増加することを示唆している。なぜならインドの人口は同期間に 12 億 2,000 万人から 13 億 5,000 万人に増えると予測されるからである。

・2013 年に消費された紙及び板紙の約 86％はインドで生産されたものであった。しかし、インドは輸入される紙および板紙の関税を引き下げたため、将来的に国内の繊維資源不足は、紙消費における輸入品のシェア拡大につながると考える。したがって、2022 年には紙及び板紙消費量に占める国内生産のシェアは 75％に低下するものと予測している。

・紙および板紙の国内生産に占める木材パルプのシェアは 23％であるが、この数字は 2022 年にはわずかに下がって 21％になると予測している。古紙のシェアは 2013 年の 55％から 2022 年には 61％に増大すると思われるが、これは主に木材パルプをあまり使用しない紙及び板紙を頼りにして達成されるものである。

・したがって、木材パルプの合計消費量（溶解パルプを含まない）は 2013 年の 250 万 t から 2022 年には 380 万 t に増加するであろう。

・2013 年、インドにおける紙用木材パルプのおよそ 70％は国内産であり、30％が輸入品であった。2022 年には木材パルプにおける国内産のシェアが縮小する一方、輸入品のシェアは 42％に増大するものと予測している。

・それでもまだ、インドの木材パルプ生産量は 2013 年の 175 万 t から 2022 年には 220 万 t に増加することを意味している。これはパルプ生産のための木材消費量が、2013 年の 750 万 GMT から 2022 年には 950 万 GMT に増加することを示唆している。

・2013 年の国内産パルプ材は 710 万 GMT、輸入材は約 40 万 GMT であった。2022 年までに国内産は 870 万 GMT に拡大するものと予測しているが、それでも輸入材で約 80 万 GMT の不足を補わなければならない。

・したがって、インドの製紙会社は、農民植林プログラムにより、今後 10 年間にインドの製紙工場が利用できる木材繊維資源の生産を拡大することができるものの、需要を完全に満たす可能性は低いと予測される。

調査事業報告

5　インドの農民植林プログラム

　インドの早生樹種の植林地における重要な特徴の１つは、灌漑植林地への依存度が比較的高いことである。ほとんど雨の降らない渇水期が非常に長く続く国では、多くの地域で植林木の生存と適切な生育を確実なものとするために灌漑が必要なのかもしれない。しかしながら、多くの地域でこの灌漑がかなり非効率的に水が使用されている。一般的に、農民は補助金をもらって（または無償で）ディーゼルエンジンを受け取り、灌漑ポンプを動かしている（川から水路を引いて灌漑を行う際よりも、地下水をポンプでくみ上げる際に）。この場合、水にはほとんどコストがかからないため、農民は水を汲み過ぎる傾向があり、その結果多くの地域で地下水の水位が急激に低下している。こうした政策は継続することができないため、一部の地域では水の利用に対する懸念から植林の開発が縮小を余儀なくされている。

　インドにおける農民植林プログラムでは３種類の「種」または「属」が利用されている：

- ・ユーカリ属（*Eucaryptus*）：オーストラリア原産。最も一般的なのはカマルドレンシス（*E. camaldulensis*）、テレチコルニス（*E. teriticornis*）およびこれらの種との交配種、そしてグランディス（*E. grandis*）、ユーロフェラ（*E. urophylla*）のようなその他の種、そしてもちろんユーロ・グランディス（*E. uro-grandis*）も使用される。場合によってはペリータ（*E. pellita*）も用いられることがある。当然ながら、実際に選択される種はそれぞれの地域の降雨パターンによって異なる。団地植栽（混農林すなわちアグロフォレストリーのように樹間を広くとらない方法）を用いる場合、一般に１ha 当たりの植栽本数は 1,600 ～ 2,400 本である。
- ・ギンネム（*Subabul*）：これは現地では「スバブル」と呼んでいる。*Leucaena leucocephala* という種（熱帯アメリカ原産）である。この種は窒素固定植物であり、土壌を改善するとともに、葉が家畜の飼料となるため、農民の間で人気が高い。しかしこの種が良く生育するのは、黒色綿花土壌 "black cotton soil" と呼ばれる土壌においてのみである。樹齢３～４年で生産される１ha 当たり t 数を最大化するため、ギンネムの植樹密度はかなり高く、１ha 当たり 5,000 本以上であることが多い。
- ・モクマオウ（*Casuarina*）：ほとんどの場合、インドの企業は *C. equisetifolia* という種を植えている。現地では「カジュアリーナ」と発音する。*Casuarina junghuhniana* を植えている企業もある。オーストラリア・太平洋諸島・アフリカ東部が原産である。

　インドにおける農民植林プログラムの植林地のもう１つの興味深い特徴は、多くの場合アグロフォレストリー（混農林）の形態が実施されていることである。一部のモデルでは、１年目には樹列の間に作物を植えるが、２年目から４、５年目までは木が作物への日光をさえぎってしまうため、ターメリック（ウコン）やショウガなど日陰でも育つ作物しか植えられない。別のモデルでは、１ｍ間隔で木を２列に植えるが、次の列は９ｍ空けて植えるため、ローテーション期間（生育周期）全体を通して作物を育てることのできる広いスペースが生まれる。この場合、樹列は日光の大部分が樹列間の地

面に届くように配置されている。

　インドの農民植林プログラムの植林地のローテーション期間はパルプ工場における生産量の最大化という点から見ても、あるいは経済的利益の最大化という観点から見ても短すぎる。しかしながら、ローテーション期間は一般に農民の考え方によって決まる─そしてそれは短期間のローテーションを好む傾向がある。これは単に農民が自分たちの土地を長期間委託することを好まないためである。農民が収穫の年数を決めるという、インドにおいて最も一般的な農民植林プログラムでは、ほとんどの場合ローテーション期間は3〜4年である。

　今回の調査で判明したことは、インドの製紙会社によって行われている農民植林プログラムは、使用される樹種や、プログラムの方法が極めて多様な状態にあるということである。今回調査したインドの製紙会社の農民植林の現状は、以下の通りである。

（1）ITC

　ITC（Indian Tobacco Company）はインド最大のコングロマリット（複合企業）の1つである。ITCには4つの紙・板紙の生産拠点があるが、大量に木材を消費する紙パルプ工場はアーンドラ・プラデーシュ（Andhra Pradesh）州のバドラチャラム（Bhadrachalam）にある。この工場のBHK（晒しクラフト広葉樹）パルプの年間生産能力は2004年の10万tから22万tに増えている。ITCはインドで初めて多収穫性のユーカリ・クローンを開発した製紙会社であり、アーンドラ・プラデーシュ州、カルナータカ（Karnataka）州、タミル・ナードゥ（Tamil Nadu）州、マハーラーシュトラ（Maharashtra）州、マディヤ・プラデーシュ（Madhya Pradesh）州、チャッティースガル（Chattisghar）州など比較的広い地域で農民植林プログラムを展開している。ITCは、2014年末までにそのプログラムによって19万8,000haの植林を達成すると計算しており、その内訳はユーカリ55%、ギンネム35%、モクマオウ10%となっている。2012年単年で、ITCは1万4,000ha以上を植林したが、目指しているのは、年間2万5,000haであると報告書で述べている。ITCのユーカリ植林はすべてクローン苗を使用しており、ギンネムおよびモクマオウ植林の約10%もクローン苗となっている。

　ITCの合計パルプ材消費量は年間およそ130万tであり、その92%が農民植林プログラムに由来している。同社の農民植林プログラムはインドでも指折りの規模であり、6万5,000人以上の農民を巻き込んでいる。基本的に、ITCの農民植林プログラムには2種類ある。1つは同社が「農民植林」"farm forestry"と呼んでいるもので、銀行に信用枠を持っていて、植林資金を自身で賄うことのできる地位の確立した農民を対象としている。もう1つは、「社会林業」"social forestry"と言って、極めて貧しい農民達が植林プログラムに参加できるように、彼らの村で協同組合を組織する手助けをしている。

　ITCはバドラチャラムの製紙工場の生産能力を倍増させている。また、新たに年間生産量35万tのパルプ工場と、50万tの紙・板紙工場を設立する拡張計画があり、これによって同社の木材消費量は倍増して2020年までに240万m^{3}となるであろう。同社はまた、3,000ha以上を対象とし、3,000人以上の部族の農民に利益が渡るカーボンプロジェクト（CDM）を国連気候変動枠組条約（UNFCCC）

調査事業報告

に登録している。ITC の生産部門はすべて、FSC の CoC（Chain of Custody：管理の連鎖）認証を受けている。同社はまた、その農民植林の植林地 2 万 2,800ha について、FSC の FM（Forest Management：森林管理）認証も受けている。

（2）JK Paper Ltd

JK Paper には、JK Paper Mills（オリッサ（Orissa）州にある年間生産量 25 万 t の BHK（晒しクラフト広葉樹パルプ）工場で、2013 年に拡張工事を行い生産量が倍増した）と Central Pulp Mills（グジャラート（Gujarat）州にある年間生産量 6 万 t の製紙工場）の 2 つの生産拠点がある。両拠点の合計年間木材消費量は、およそ 100 万 GMT である。オリッサの製紙工場はアーンドラ・プラデーシュ（Andhra Pradesh）州との境に近く、同社の農民植林プログラムはアーンドラ・プラデーシュ州の 3 つの地区およびオリッサ州の 4 つまたは 5 つの地区で行われている。BILT 社（オリッサ州セワ（Sewa））と APPM 社（アーンドラ・プラデーシュ州）が互いに、木質繊維資源を獲得するため競争しており、オリッサ州内の各地区は競合状態にある。

JK Paper の農民植林プログラムは、オリッサ州に 4 万 4,000ha（協力農民数 4 万 6,000 名）、アーンドラ・プラデーシュ州に 4 万 7,000ha（同 2 万 7,000 名）の植林地を成立させたとしているが、同社は合計で 2014 年にさらに 9,500ha を植林し、これを 1 万 2,500ha にまで増やすことを目指している。同社は年間植林面積を 1 万～1 万 5,000ha に拡大する意向である。現在の植林は 60％がモクマオウ、20％がユーカリ、20％がギンネムとなっている。

JK Paper は International Finance Corporation（IFC）と共同で村に住む部族による協同組合を 2 つ設立しているが、独自に 3 つ目の協同組合を設立した。目的は、極めて貧しい農民たちが植林地設立のための資金を得られるように、事業協同組合を組織する手助けをすることである。これは ITC の「社会林業」プログラムと類似している。

JK Paper は日本の王子ホールディングスと段ボール事業合弁事業契約を締結している。農民植林プログラムの拡大に関する同社の考え方は、自社の生産量を拡大するための将来的計画と結びついている可能性が高い。JK Paper は商社である双日とともにベトナムにおけるパルプ工場設立の可能性を検討しているが、このプロジェクトに関する決定はまだ下されていない。

（3）West Coast Paper Mills（WCPM）

West Coast Paper はカルナータカ（Karnataka）州のダンデリ（Dandeli）工業団地に 2 つのパルプ生産ラインをもち、その年間生産能力は BHK（晒し広葉樹クラフトパルプ）23 万 t および無漂白パルプ 2 万 5,000 t である。同社は農民植林プログラムの開発に対して、インドの他の企業とは若干異なるアプローチをとっており、実際に製紙工場で使用する木材を産出するかどうか確実でない大規模な植林を促進するよりも、植林地を確保するために農民と契約を結ぶことを好んでいる。同社は植林事業共同研究協会（Society for Afforestation Research and Allied Works（SARA））という地元の機関を通じて活動しており、主にカルナータカ州において植林地を造成しているが、マハーラーシュトラ州（Maharastra）およびアーンドラ・プラデーシュ州（Andhra Pradesh）にも多少造成して

20

いる。現在までに、このプログラムは推定2万haの植林地を造成しているが、そのすべてがFSCプログラムのFM（森林管理）認証を受けている。植林の約85％がユーカリで、アカシア、モクマオウ、ギンネムがそれぞれ5％となっている。

　基本的に、West Coast PaperはSARAを通して農民から土地を借り受ける契約をしている。最も、West Coast Paperはこうした契約のいかなる条項にも、農民の土地の所有権に留置権のように影響を与えるものではないことを極めて慎重に強調している。同社は植林、施肥、その他の管理にかかるコストを100％負担し、収穫や輸送だけでなく、苗床や植林を含む運営面すべてをSARAが管理している。薪や家畜の飼料（ギンネムの場合）は農民の所有物であるが、パルプ材はWest Coast Paperのものとなるよう契約が結ばれている。

　West Coast Paperはインドで初めて木材チップを輸入した会社であり、群を抜く最大の輸入者である。だが輸入チップはカルナータカ州の農民植林プログラム植林地からの木材の代替となることを意図したものではなく、製紙工場から500km以上離れたところから調達しているものや列車やトラックで遠距離を輸送される木材に代替するものとして使用されている。

6　農民植林プログラムから見たパルプ材供給の将来展望

　農民植林プログラムはインドの製紙業界向け木質繊維資源の国内供給源を生み出すカギとなるが、単に木を育てるという目的を超えて理解するべき因子がいくつかある。

- ・インドの製紙会社にとって、農民植林プログラムは単に木質繊維資源を育てる方法であるだけでなく、地元のコミュニティからの支援を得るための戦略の重要な一部分でもある。インドにおいて、企業の社会的責任（CSR）は単に間接費のもう1つの形態であるだけでなく、信用や評判を守り、攻撃から身を守り、ビジネスの競争力を高めるために重要だと考える企業が増えてきている。
- ・CSRはコミュニティの支援を求める企業にとって良い方策であるだけでなく、今やインドにおいて法律でも求められている。2013年施行の会社法では、自己資本50億ルピー（約8,300万ドル）以上または売上高100億ルピー（1億6,600万ドル）以上または純利益5,000万ルピー（80万ドル）以上の企業はすべて、会計年度ごとに純利益の2％をCSR活動に費やすことが義務となっている。
- ・インドの企業は、彼らが農民植林プログラムと呼ぶものと社会林業プログラムと呼ぶものを区別している。農民植林では、たとえこれらの多くの農民が数haしか植林していないとしても、彼らは自分たち自身で活動の資金を支出する能力をもち、独力で植林活動を展開することができる。社会林業プログラムでは、企業は指定部族や指定カースト出身のごく貧しい農民たちとともに活動することを試みる。こうした最貧の農民たちとの協働は一般的に、こうしたグループを組織して専門的な事業体として経営するために、地元民との連絡窓口を持ち社会問題を理解している現地のNGOを通じて行われる。

調査事業報告

・当然ながらインドの製紙会社は利益を挙げることを重視しているが、インドのビジネス文化は法的要件を超えて社会的責任を極めて重要視することが多い。重要なのは、企業がこれまで20年近くこの種の森林プログラムに強く関与してきて、たとえもっと安価な木質繊維資源を海外から輸入できるとしても、このようなプログラムをやめる企業があるとは考えられないということである。
・インドの製紙会社が生産を拡大するためにとる可能性が最も高い戦略は、海外にパルプ工場を建設して、インドがそのパルプを輸入することであるが、このアプローチが生産を拡大するためだけに用いられることを強調したい。
・重要だと考えているのは、インドの紙パルプ企業は今後も農民植林プログラムを継続するということである。一部の企業は可能な限り社会林業プログラムも拡大を目指している。

2013年から2022年の間に農民植林プログラムから調達されるパルプ材が22.5%増加すると予測されるが、これは極めて控えめな予測だと考えられており、土地をめぐる（他の作物との）激しい競争だけでなく、建設業など他の経済セクターとの木材調達をめぐる競争も想定している。また、インド各地における気候変動と水位の低下に鑑みて、灌漑植林は今後実現可能な選択肢でなくなる可能性があり、平均収穫量は減少するであろう。ゆえに、農民植林プログラムは今後も拡大を続け、製紙業界により多くの木材を供給すると思われるが、それでもまだ最大40万BDMTが不足するため、インドの製紙業界の需要を満たすために毎年輸入する必要がある。

7 インド企業による木材チップ輸入の歴史

少なくとも15年間、海外の木材チップのサプライヤーは木材チップ輸入の新市場開拓を目指してインドを訪れてきた。しかしながら、2013年6月まで、インドのパルプ工場への木材チップの出荷は行われなかった。しかし、2013年にインドの製紙会社によって、合計約18万3,000絶乾t（BDMT）の木材チップと、合計2万7,000絶乾t相当のパルプ材が輸入された。

2014年に木材チップの輸入量はおよそ2倍の36万～38万絶乾tになったが、2015年1月のパルプ材の輸入は1件だけであった。

なぜインドの製紙会社は木材チップを輸入するようになったのだろうか。これはインドにおける木材の調達コストが大幅に上昇したことと、農民植林プログラムの大半が製紙会社に木材供給をコント

インドにおける木材チップとパルプ原木の輸入（2013年）

会社	木材チップ	パルプ材	合計	%
West Coast Paper Mills	137	3	140	67
ITC	30		30	14
JK Paper	16	16	32	15
Ballarpur	0	8	8	4
合計	183	27	210	100

ロールさせる機会を与えなかったことによるものである。少なくとも必要とする木材の一部を輸入することによって、インドの製紙会社は国内における木材調達に対する価格上昇圧力を減じることを望んでいる。これは木材チップを輸入しているインドのパルプ会社に共通の理由である。

　農民植林プログラムを通じて生産される木材をコントロールできないことは、インドの製紙会社が輸入木材チップを求める主な理由の1つである。農民植林プログラムに関して説明したように、多くの企業は農民に苗木を提供しているが、いつ木を切るか、いつ木を売るかは農民が決定している。一般に、紙パルプ工場が提供した苗木が、収穫時に紙パルプ工場に売られるという保証はない。

　輸入することの一番の理由について、現地調査した際に West Coast Paper の関係者が次のように語った。インドでは、農民はごく若い樹齢（3～5年）、多くの場合は3～4年で木材を収穫する。この樹齢ではまだ若い木質繊維が多く、パルプの収率はよくない。さらに、ギンネムやモクマオウのような極めて細い幹は樹皮とともに切削加工される上に、「樹皮を剥いだ」ユーカリでさえ樹皮が多く残っている可能性がある。この場合も低品質のチップとなる。対照的に、南アフリカから輸入された木材チップは収率がはるかに高く、国内産チップのみを使用してつくった場合と比べて質の高いパルプができることを West Coast Paper は確認している。しかしながら、この利点は一般に、West Coast Paper のように、その会社にバッチ式蒸解装置がある場合にのみ実現される。連続式蒸解装置を使用している企業は、ただ輸入チップを質の低い国内産の木質繊維資源と混合するため、質の高い輸入木材チップを使用した場合に達成される利益のすべてを実現できていない。

8　インドにおける木材チップ輸入の将来展望

　インドでは、2014年の1年間に、合計36万～38万絶乾 t（BDMT）の木材チップが輸入されたものと見積もられている。図8に示すように、これは2012年の輸入量0と比較して、極めて急激な増加である。

　インドの製紙会社は、極めて大量に輸入しているオーストラリアのユーカリ・グロビュラス（E. globulus）の木材チップを始めとして、様々な国から木材チップを輸入している。例えば、マレーシアからのアカシア・マンギウム（A. mangium）の木材チップ及びパルプ材や、ベトナムからのアカシア・ハイブリッド（雑種）の木材チップ、そして比較的量は少ないがタイからのユーカリ木材チップも輸入している。しかし2014年半ばになると、インド向け木材チップの主な供給源は、南アフリカからの混合ユーカリ（mixd eucalyptus）木材チップであることが明らかになった。

（1）木材チップ輸送のインフラについて

　インドにおける国内のパルプ材の価格はかなり高いが、同国において木材チップ輸入の可能性を制限している最も大きな理由の1つは、港からパルプ工場までの距離が遠いということである。木材チップ輸入の可能性がある港から、最も近いパルプ工場はアーンドラ・プラデーシュ（Andra Pradesh）州ラジャムンドリー（Rajahmundry）にある APPM の工場であり、港からの距離は65km である。しかしながら、この工場を所有している International Paper は、木材チップを輸入し

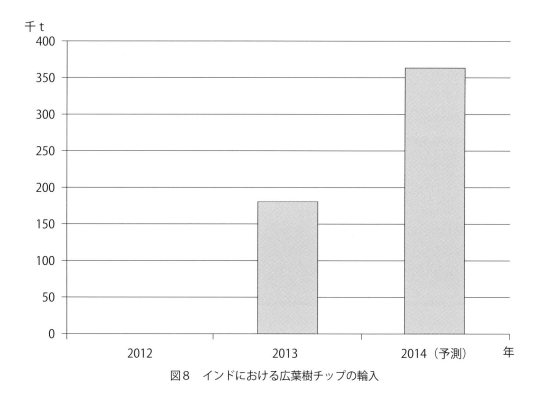

図8　インドにおける広葉樹チップの輸入

ないという方針を打ち立てている。West Coast Paper はゴア（Goa）港から 140 km の距離にあり、インドで2番目に港に近い製紙工場となっているが、その他の製紙工場に関しては、港からの距離は 200km 〜 1,300km である。

　輸送距離が長くても港湾施設が極めて効率的であるか、高速道路が整備されていて輸送時間が短い場合は、木材チップを経済的に輸入することが可能であろう。しかしながら、インドではこのいずれの要因も該当しない。港の大半は州が所有しており、比較的効率が悪く、いかなる"ばら積み貨物"の輸入も比較的高コストになっている。高速道路の状態は極めて悪くて渋滞がひどく、そのような劣悪な道路で長距離を輸送しなければならないためにチップの輸入はコスト高で危険を伴うものになっている。インドのインフラストラクチャーが大幅に改善されるまで、この国が木材チップ輸入大国になることについては懐疑的である。

（2）港湾の近くにパルプ工場を開設する可能性

　インドには、生産の基盤を木材チップの輸入に置くこと（部分的にでも完全にでも）を望める新たなパルプ工場に適していると思われる場所がある。例えばグジャラート（Gujarat）州では、Adani Group という民間企業がムンドラ（Mundra）港および経済特別区（Mundra Port and Special Economic Zone Limited）として知られるインド最大の港湾コンプレックス（complex：工業地帯）を開発中である。このコンプレックスには既に 12 以上のバースがあり、聞くところでは 60 もの深海バースの建設を予定しているという。貯蔵区域は巨大で、2つの大きな火力発電所が既にエネルギーを生産しており、開発中の極めて大規模な工業地帯にエネルギーを供給することができる。もし企業

がここにパルプ工場を置くならば、アフリカから木材チップを輸入するための能力は極めて高いものとなるであろう。しかしながら、インドで港の近くに新たなパルプ工場を建設予定の企業があるとは聞いていないので、こうした開発は少なくとも5年先になると結論づけざるを得ない。（インドにおける大規模な工業プロジェクトに対する認可プロセスには、かなり長い時間がかかる可能性がある。）

（3）木材チップの輸入予測

　新たにモディ政権になって、インドの製紙業界や林産物製品業界その他の関係者は、丸太および木材チップに対する輸入税を軽減するよう政府に対してロビー活動を開始している。現在の関税はそれぞれ5％だが、実効税率は9.3％に近いものである。もし政府が業界の要求に応えるのであれば、それはもちろん輸入の木質繊維資源の仕入原価の引き下げに役立ち、貿易量の増大または少なくとも現在の水準の維持に資するであろう。

　全体として、港から遠く離れた製紙工場向けに木材チップを輸入しようとしているインド企業が直面している問題については克服することが著しく困難だと考えられる。インドの製紙会社による生産拡大について最も可能性の高い取り組み方法は、木材チップを（インドに）輸出するよりも、他の国にパルプ工場を設立してインド向けにパルプを輸出することだと予想される。

　しかしながら、West Coast Paper は持続可能な形で木材チップを輸入できることを実証し、その量は合計で年間約24万 BDMT になると思われる。さらに、インドの製紙会社の中には、原料の必要量を確実に賄うため、また、地域での調達価格を「コントロール」するのに役立てるため、一定量の木材チップを輸入しようとするところがある。こうしたことから、インドにおける木材チップ輸入量は全体で年間30万〜40万 BDMT になると予測される。

9　インドの木材チップ輸入が日本に与える影響

　インドにおける木材チップ輸入量が年間50万 BDMT（台湾および韓国の輸入量と同等の規模）を超える可能性は低いと考えられるため、インドの木材チップ輸入が日本の企業に大きな影響を与えることはないであろう。ただ1つの例外は、南アフリカ産の木材チップである。南アフリカからインドの West Coast Paper に定期的に木材チップが輸出されていることから、2014年には南アフリカ産広葉樹チップの約16％がインドに出荷されたと見積もられる。一方、日本は南アフリカの木材チップにとって主要な市場であり、推定で2014年の南アフリカ産木材チップ輸出の77％を占めている。特に、現在までのところインドが輸入しているのはアカシア（wattle）ではなくユーカリ（eucalyptus）のみであるため、この資源をめぐるインドとの競争は激しい。このため、インドは2014年の南アフリカ産ユーカリ木材チップ輸出量合計の45％近くを占める可能性があると考えられる。この規模のシェアは明らかに、少なくとも南アフリカ産の木材チップに関しては、インドが日本に影響を及ぼすことを意味している。

　上述のように、インドの木材チップ輸入量は、インドのいずれかの港に新たなパルプ工場が建設されない限り、せいぜい40万 BDMT で安定する可能性が高い。そうした新たな工場の建設を予定し

ている企業の噂は聞かないため、南アフリカのユーカリを除いて、木材チップ輸入をめぐるインドの製紙会社からの競争が日本の製紙会社に大きな影響を及ぼすことは当面ないと考えていいであろう。

10　日本企業におけるインドでの植林投資の可能性

インドでは、土地所有に関する規制のため、少なくとも他の国で所有しているのと同様の形では、日本企業が独自に植林地を造成することは認められないだろう。基本的に、ある日本企業がインドで植林地を造成しようとする際にインドの製紙会社と同じ障壁に直面するはずであるが、外国企業であるということでさらに不利な立場になるだろう。しかし理論上、日本企業がインドの紙パルプ工場に木質繊維資源を供給するための植林投資についてシナリオがいくつか考えられる。

- 日本企業は、インドにおける農民植林プログラムを支援・拡大するために、インドの製紙会社の1つと共同投資することができるかもしれない。この方法が意味をなすのは、インドにおける生産を拡大するためにインドの製紙会社とある種の合弁事業を形成することを予定している場合のみであり、木材パルプを輸入するより木材パルプを増産することが望ましい場合である。これは工場新設または既存工場の拡大のいずれかの可能性がある。この種の投資は CSR（企業の社会的責任）投資でもある。このアプローチが意味をなすのは、インドのある製紙会社とのある種の合弁事業において（または日本の製紙会社がインドのある製紙会社の株式を100％獲得した場合）のみである。
- 日本企業は、もしかするとインドの製紙会社による取り組みを基本的に模倣して、インドに植林投資会社を設立することができるかもしれない。すなわち、新会社は West Coast Paper が用いているようなある種の土地賃貸プログラムを通じて、苗圃（びょうほ）を造成して植林するための苗木を育てることができるかもしれない。しかしこの種のアプローチは成功する見込みが極めて低い。
- 日本企業は、インドの製紙会社に木質繊維資源を供給することを目指している他国（例：タンザニアやモザンビークなど）に投資することができるかもしれない。だが、海外での事業は、インドに輸送して現地のサプライヤーとも競合できるのに十分な低コストで木材を生産しなければならないため、これもまた非常に難しい見通しであるように思われる。
- 日本企業は、インド国外の植林事業に投資することができるかもしれない。それはインドの製紙会社に送られる可能性のあるパルプを生産する工場の資源となる。これは例えば、ベトナムにおいて JK Paper が双日と協議しているプロジェクトのような合弁事業の形をとる可能性がある。

11　結論

①インドでは木質繊維資源の不足が深刻であるが、政府が管理する州の森林は、製紙会社や木製パネルメーカーのような産業用途のパルプ材をほとんど生み出していない。

②政府からの支援がないため、インドの製紙会社は自社工場で使用する木材のほぼすべてを自らの農民植林プログラムに依存してきた。

③2013年から、インドの製紙会社は木材チップおよびパルプ材の輸入を開始したが、これはインドの製紙会社が消費するパルプ材のおよそ2〜3％に限られている。

④古紙はインドの製紙工場に供給される原料の中で最大のシェア（55％）を占めており、この傾向は今後も継続するか、さらに増える可能性が高い。過去10年間、インドの製紙会社は国内の古紙回収を努力して倍増させてきたが、インドにおける回収率は依然として他の国々と比べてかなり低い。

⑤インドでは、木材チップの輸入は紙を生産するための木材のコストをコントロールするための1つの方法と考えられている。2014年の木材チップの合計輸入数量は40万 BDMT 未満であり、港から離れた紙パルプ工場向けにチップを輸入するには比較的高いコストがかかることから、輸入数量がこの水準以上に増えることはないと考えられる。

⑥インドの企業は植林の開発において大きな課題に直面しているが、現在すべての企業が何らかの農民植林プログラムを持っており、そうしたプログラムを拡大する方法を探し続けている。これはパルプ工場に売られる可能性のある木材を生み出すためばかりでなく、企業の継続的な社会的プログラムの一環としても行われている。企業は今後もこうしたプログラムを拡大し続けることにより、少なくともユーカリの植林地は、収穫した後も萌芽更新によって数回のローテーションにわたり管理することが可能であるため、生産される木材は年々増えると考えられる。

⑦インドの製紙会社は木材チップの輸入に力を入れるよりも、インドに輸出できるパルプを生産するために国外で合弁事業を設立しようとする方が現実味があると考えられる。こうしたプロジェクトにはインドに最終製品を輸出する紙の生産ラインも含まれる可能性があるが、主な焦点はパルプの生産になるであろう。

⑧日本の製紙会社がインドで植林事業を展開する機会は非常に限られており、インドの製紙会社と何らかの形で提携することによってのみ実現する可能性がある。日本企業がインドの製紙会社を買収しようとする場合、またはインドの企業とともに合弁メーカーを設立しようとする場合、インドの植林におけるこの種の投資は合弁事業の取り組みにおいて不可避な部分となる可能性がある。別な方法としては、日本企業はインドに輸出するための木材チップまたはパルプを生産するために、インド以外の国に合弁の植林事業を展開するという選択肢もある。

2 海外植林地における
   生物多様性配慮に関する調査・研究

1 調査・研究の目的

　我が国の製紙企業が推進している海外植林は、生物多様性に配慮して、天然林を伐採して植林地を造成する（いわゆる conversion）のではなく、荒廃地、草原、牧場跡地などの無立木地等で森林造成を行っている。また、FSC、PEFC などの森林認証を積極的に取得し、生物多様性の保全をはじめとする持続可能な森林経営の推進に努めている。一方で、外来のユーカリ、アカシアなどの早生樹種の一斉造林となることが多いことから、生物多様性の観点で問題がないわけではないという批判もある。

　2010 年に名古屋で開催された「生物多様性条約第 10 回締約国会議（COP10）」において名古屋議定書が採択され、愛知目標（2050 年までに自然と共生する世界を実現する中長期目標の下、2020 年までに生物多様性の損失を止めるために効果的かつ緊急の行動をとる〔5 つの戦略目標と 20 の個別目標〕）が定められた。また、2006 年の COP 8（ブラジル・クリチバで開催）以降、条約の目的達成のために企業の参画を要請する決議が繰り返し採択されるなど、企業活動においても生物多様性に

海外産業植林における生物多様性配慮に関する検討委員会

有識者委員	
奥田 敏統（委員長）	広島大学大学院総合科学研究科 教授
江間 直美	江戸川大学メディアコミュニケーション学部 准教授
金子 与止男	岩手県立大学総合政策学部 教授
籾井 まり	ディープグリーンコンサルティング代表，国際環境 NGO FoE Japan
製紙各社委員	
石田 裕之	北越紀州製紙（株）海外資源部 チップ担当課長
早乙女 順一	三菱製紙（株）原材料部林材グループ
太刀川 寛	日本製紙（株）原材料本部林材部 主席調査役
馬場 国彰	王子グリーンリソース（株）資源環境ビジネス本部植林事業部 GM
原田 大五	中越パルプ工業（株）資源対策本部 調査役
アドバイザー	
上河 潔	日本製紙連合会 常務理事
オブザーバー	
林野庁、経済産業省、林野庁	
事務局	
田辺 芳克	（社）海外産業植林センター 専務理事
薗 巳晴	（株）ノルド社会環境研究所 主任研究員
市村 怜子	市村 怜子（（株）ノルド社会環境研究所 研究員）
福田 栄二	福田 栄二（（株）ノルド社会環境研究所 研究員）

調査事業報告

対する配慮が強く求められるようになってきている。

このように、海外植林を推進するにあたっても、生物多様性に配慮するとともに、その保全に対する取り組みを情報開示していくことが重要となっている。

上記のような情勢を踏まえて、日本製紙連合会の会員企業が海外植林を推進するにあたっての、①生物多様性の保全を図る上での課題及びそれに対する配慮のあり方及び②生物多様性の保全の取り組みについてのステークホルダーとの良好な関係性や正確かつ効果的な広報のあり方について調査・研究を実施した。また、海外産業植林センターに学識経験者、NGO、製紙企業関係者等で構成される「海外産業植林における生物多様性配慮に関する検討委員会」を設置して検討を行った。

2　産業植林における生物多様性配慮の取り組みの現状（企業アンケート）

海外産業植林センター会員企業50社に対し、産業植林における生物多様性配慮についてのメールによるアンケートを実施した。有効回答21社のうち生物多様性に配慮していると回答した企業は15社であった。この15社に対してどのような活動を行っているかを尋ねたところ、下記のような回答となった。また、15社のうち数社について訪問による詳細なヒアリングを行ったが、生物多様性配慮については、森林認証の取得により対応しているという回答が多かった。

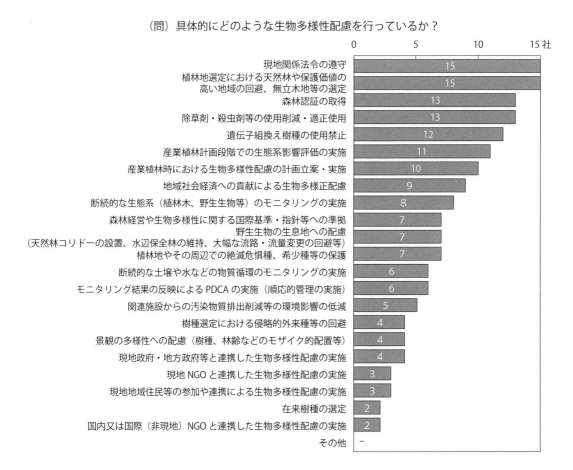

（問）具体的にどのような生物多様性配慮を行っているか？

3 海外産業植林と生物多様性に関するステークホルダーに対するヒアリング

また、海外産業植林や生物多様性に関し、NGO、メディア、取引（供給）先といった国内ステークホルダーの認識や製紙業界の取り組みに対する評価、期待・要望等を把握し、広報及びステークホルダーとの関係形成について今後の方向性の検討に資するため、NGO 3団体、メディア3紙・誌（全国紙、専門紙、専門誌）、取引先4社（事務用品メーカー、事務用品販売、事務機器メーカー、印刷会社）に対して訪問インタビュー調査を実施した。その結果については下記のとおりである。

（1）NGO

- ・COP10を機に、企業の生物多様性配慮に対する取り組みは進んでいると認識。
- ・企業の木材調達におけるコンプライアンスの意識は向上してきているが、コンプライアンス以上の取り組みを行わなければ生物多様性に貢献とはいえない。
- ・天然林の保全に問題意識があり、天然林の皆伐が最大の懸念事項である。オフセットに懐疑的な意見もあった。
- ・木が生えていないから産業植林をして良いというわけではない。適地選定については元来の植生への留意が必要である。
- ・合法に植林許可を得ていても、または荒廃地と見なされていても、事業候補地の置かれている具体的状況を判断しなければ、必ずしも社会的受容性を得られるわけではないとの見解もあった。
- ・植林地の生物多様性配慮においては、空間プランニングが重要である。
- ・侵略的外来種の管理、在来早生樹種探索を期待する。
- ・植林にあたり、社会的側面も考慮すべきである。法的許可だけでは、必ずしも十分でない。
- ・政府からの意見だけでなく、地元住民や現地NGOのアドバイスを聞きながら事業を計画し、良好な関係を築くことが重要であり、リスクヘッジにもなる。
- ・形式的な森林認証の取得だけでは万全ではなく、実効性の確保などの取り組みが重要である。
- ・森林認証制度にも信頼できるものとできないものがあるとの見解もあった。
- ・現状では日本製紙企業による違法伐採対策、産業植林地の生物多様性配慮については問題ない。
- ・製紙業界内で取り組みのレベルにばらつきがある。
- ・取り組みが先進的でない企業があることをふまえ、国内外の業界全体での底上げをしてほしい。
- ・NGOとしても製紙会社と協働していきたい。
- ・製品の原材料の出所をはっきりさせ、開示できない場合はその理由も明記すべきである。
- ・調達方針だけではなく、運用方法やモニタリング結果の開示も望まれる。
- ・良い面ばかりを見せるのではなく、課題を認識し、それに対応していく姿勢が求められている。
- ・生物多様性配慮の根拠やFSC認証紙の説明などエンドユーザーの意向を汲んだ情報開示をしてほしい。

（2）メディア

・過去の取材経験や NGO の発信情報から、製紙会社やその発信に対する信頼感はあまり高くなく、疑念が先に立ってしまう。

・環境にやさしいライフスタイルが定着している中で、紙に関しては消費者への選択肢が少ない。紙についている森林認証マークも他国に比べるとあまり見かけることはない。

・紙の生産についてあまり知られておらず、馴染みが薄い。消費者に届く情報提供をしてほしい。

・植林地の経済情勢の変化、水資源問題の影響、紙の需要減少から海外植林拡大への依存を懸念する。

・木は日本人の宗教や思想にもつながる面があるので、伐採に関して抵抗感を抱くこともある。

・NGO との認識の差が見られる。業界として NGO の見解への対応や対話を図ることが重要である。

・情報発信が少ない。

・製紙会社から発信される情報が少ないため、元々あるマイナスのイメージが定着してしまうこともある。

・グリーンウォッシュとならないよう、問題への対応姿勢、実質的な取り組み内容、マイナス面の説明や定量的情報などもきちんと開示すべきである。

・一般消費者が参加できるイベント等を通じて広報を行うといい。

（3）取引先

・生物多様性配慮に関する木材や紙製品の調達指針や基準等が社内で策定されている。

・製紙会社を含め調達先に確認や調査が実施されている。

・調達指針や基準等は、合法性の要求と、森林認証取得時のプラス評価または利用促進が導入されていることが多い。

・調達において合法性を超えた生物多様性配慮基準や具体的な要求はあまり考慮されておらず、期待感や自由記述確認の水準に留まっている。

・森林認証や政府発行の植林許可が万全ではないことを認識し、NGO の知見を踏まえた調達を実施しているところもある。

・合法性や原材料調達先について、海外の製紙会社に比べ国内の製紙会社の情報開示が少ない。

・製紙会社の中でも先進企業と非先進企業の取り組み状況にギャップがある。また、製紙会社内外で情報が行き届いていないことがあり、理解度にばらつきが生じる。

・製紙会社に意見を言う人々と、対話の機会があればよいのではないかという声もある。

・原材料が植林木であることは好ましい。

・産業植林地での生物多様性配慮を期待する。

・今後、中国等の紙需要拡大に伴う植林地拡大や、国際的な水不足により植林が問題視される可能性を懸念する声もある。

・国内の未利用間伐材を利用した紙を製造してほしい。

・顧客等から生物多様性配慮に関する問合せはあまりない。

・合法性について、時々照会がある。

・安価な紙が売れる実態の中、生物多様性配慮をどの程度追求すべきか判断に難しいところがある。

・森林認証紙の利用は推進するものの、森林認証マークの訴求性に疑問を持つところもある。

・外部からの問い合わせに対応する前提として製紙業界で共通の基準を示してほしい。

・もう少し原材料調達先の情報開示に取り組んでほしい。

4　生活者意識調査

　一般生活者による企業の生物多様性配慮や産業植林に対する認知や評価等を把握することで、広報及びステークホルダーとの関係形成について今後の方向性の検討に資するため、フォーカスグループインタビュー（FGI）及びマーケティングリサーチオンラインコミュニティ（MROC）の協力者募集を主目的とするインターネットアンケートを、首都圏在住の18歳以上の一般生活者に対して行った（有効回収サンプル数：831サンプル）。調査の結果については下記のとおりである。

（1）海外産業植林と生物多様性配慮への評価

・海外産業植林の推進や生物多様性配慮の取り組みの情報に接触したうえでの生活者の評価は肯定、否定が分かれる。肯定者も否定者も単純な良否を示すより、留保や一定の理解などを付した反応を示す傾向がある。

・特に、海外で産業植林を推進する理由に納得感を抱かない生活者も多く、とりわけ国内森林の荒廃を指摘し国内での取り組みが不十分とする意見も多い。海外で受け入れられているのか気にする声もある。

・原材料調達目的であることから「自分のための植林」「ビジネス」としてあまり肯定的に捉えない反応もある。

・その他、植林地の写真の単一的な印象への否定や、単一樹種造林と生物多様性との矛盾の指摘、外来種の使用は生物多様性に貢献しないとする反応など、植林が本来、保全のために行われるものという意識に基づく評価や生物多様性と別問題とする声も少なくない。

・NGOの懸念の情報に接触したうえでの反応も分かれる。まったくそのとおりと賛同する意見も多いが、一方では、NGOの懸念は行き過ぎで、それでは植林事業ができなくなるのではとの意見もある。

・ただし、海外産業植林が必要な状況や生物多様性配慮の取り組みなどの状況が広く社会に認識されていないことはよくないとして、積極的な広報による継続的説明や理解活動を求める声が多い。

・本調査で知ることができたことへの肯定的評価もみられる（後日の感想では総じて肯定的な反応）。

（2）企業の環境活動の評価ポイント

- 企業に期待する環境の取り組みは、環境にやさしい製品等の提供や、本業の事業活動における取り組みであり、産業植林における生物多様性配慮に合致する。
  ⇒「環境にやさしい技術の開発」(61%)、「環境にやさしい製品・サービスの開発・提供」(53%)、「本業の事業活動における」取り組み（40〜44%）、環境配慮の観点からの原材料調達先の選定とチェック（37%）
- ただし、紙製品においては必ずしも環境にやさしい製品の選択意欲が高いわけではない。

このほかに、産業植林及び生物多様性についての報道の状況についても調査したが、名古屋で生物多様性条約COP10が開催された2010年10月前後には多くの報道記事が見られたものの、それ以外の時期においては極めて少ない状況であった。

上記の各種調査の結果を総括すると、下記のような課題と検討事項が明らかになった。

生物多様性配慮に関する主な課題	検討事項
●産業植林推進および生物多様性配慮とその水準についての製紙業界の基本スタンス・共通認識の形成・拡充 ●NGO等の要請事項への対応または対話（特に植林地選定と配慮目標、地域社会との良好な関係形成、等） ●生物多様性配慮視点でのモニタリング手法の確立と保全効果等を説明するエビデンスの確保 ●木材調達全般のきめ細かな状況把握の検討 ●海外植林を推進する前提としての国内未利用間伐材の利用・製品開発の推進 ●中堅・中小製紙や紙卸の認識向上、取り組みの拡大	●製紙業界の基本スタンス・共通認識の形成・拡充の可能性、方法 ●生物多様性配慮のあり方 　-植林地選定と配慮目標設定のあり方 　-モニタリングのあり方 　-地域社会の参加、連携、貢献のあり方 ●その他の課題への対応可能性、方法

広報に関する主な課題	検討事項
●製紙業界の基本スタンス・共通認識に基づく理解活動の拡充・強化による社会的理解形成とプレゼンス向上 ●海外産業植林を推進しなければならない根拠となるデータとロジックの構築 ●取引（供給）先との確認共有化と連携に基づく対応 ●NGOとの対話姿勢の表出・発信 ●メディア対応の見直し・改善による製紙業界・製紙会社に対する潜在的疑念の払拭と取り組みへの関心喚起 ●メディアや生活者等の情報の受け手がネガティブな反応を示す要素があることを前提とした広報展開	●産業植林や生物多様性配慮についての広報活動を強化・拡充すべきかどうか ●NGOとの対話の実施可能性 ●基本的な広報のアプローチ 　-ターゲット 　-基本的なコミュニケーションの方向性 　-ターゲット別の手法、留意点、等

5 海外植林地における生物多様性配慮のあり方についての提言

（1）「生物多様性への配慮」のあり方

①海外産業植林における「生物多様性への配慮」の取組みの位置づけ

　生物多様性には、生態系の多様性、種の多様性、遺伝的多様性の3つのレベルの多様性が含まれる。海外産業植林において「生物多様性への配慮」に取り組む際には、常にこの3つのレベルを考慮する必要がある。

　製紙業にとって海外産業植林における「生物多様性への配慮」は、原材料としての木材調達の一要素であり不可分の問題である。さらに木材という生物資源を基盤とする事業として、国内森林を含む生物多様性に関する全体的な取組みとも密接に関連している。

　このため、海外産業植林における「生物多様性への配慮」の取組みを推進するにあたっては、木材調達全般のよりきめ細かな状況把握やマネジメント、海外産業植林を推進する前提として、国内未利用間伐材をはじめとする国産材のなお一層の利用及び製品開発の推進なども併せて一体的に取組んでいくことが望ましい。

②「持続可能な森林経営」と森林認証取得の取組みのなお一層の推進

　海外産業植林において「生物多様性への配慮」に取組む際に、森林認証を取得することも1つの有効な手段であると考えられる。一定の配慮を行っていることについて、森林認証取得という形で客観的にも示しやすい。

　木材調達に対する考え方を、その一要素である海外産業植林においても適用し、「持続可能な森林経営」の観点から、製紙業界全体で森林認証取得の取組みをなお一層推進していくことが求められる。

③植林地における「生物多様性への配慮」の基本的な対応

　海外産業植林に際しては、森林認証を取得するかどうかに関わらず、「持続可能な森林経営」の考え方に基づき、森林認証基準や生物多様性に関する国際的指針等の要求事項を参照して、「生物多様性への配慮」の基本的な対応事項に取り組むことが求められる。

④製紙業界全体としての共通認識の形成

　日本製紙連合会は、③に示す「生物多様性への配慮」の基本的な対応を基礎としつつ、広く製紙業界全体の認識や取組みの進捗状況を確認した上で、「生物多様性への配慮」の基本的な考え方やスタンスについて製紙業界全体としての共通認識の形成を図り、何らかの指針や基準等の策定を検討することが求められる。

　製紙各社は、日本製紙連合会による共通認識の形成に協力するとともに、製紙業界の指針や基準等が策定された場合には、これと調和させながら自社の「生物多様性への配慮」の方針を明確化し、木材調達または生物多様性に関する指針、基準等に具体化して、海外産業植林における「生物多様性へ

調査事業報告

⑤更なる知見の蓄積と共有に基づく継続的検討

　日本製紙連合会と製紙各社はそれぞれ連携しながら、③に示す「生物多様性への配慮」の基本的な対応を基礎としながらも、更なる知見や先進事例の蓄積と共有を図り、より一層効果的な「生物多様性への配慮」のあり方や方策を継続的かつ漸進的に検討していくことが求められる。特に下記に掲げる事項が今後の課題であると考えられる。また、知見の蓄積や検討に際しては、ステークホルダーとの情報や意見の交換を通じ、その要請も考慮することが望まれる。

　製紙各社は、海外産業植林における「生物多様性への配慮」の具体的対策を計画し、実施するに際しては、下記に掲げるような課題が存在することを認識し、原材料調達としての事業の目的との両立性と各植林地の地域特性を勘案しつつ、可能な限りより望ましい配慮策を選択するよう努めることが望ましい。これにより植林地域の生物多様性に対する実質的な保全効果を図ることが期待される。

〔今後の検討課題〕

・植林地として適切な無立木地の選定のあり方
・エコシステム・アプローチに基づく配慮目標の設定と配慮策のあり方
・モニタリングに基づく順応的管理のあり方
・在来樹種による植林に向けた取組み
・「生物多様性への配慮」に関する数値目標・基準の設定
・地域社会等の参加・連携・貢献のあり方

（2）広報及びステークホルダーとの良好な関係形成のあり方

①中長期的かつ総合的な視野からの社会的理解形成とプレゼンスの向上

　日本製紙連合会と製紙各社は連携しながら、中長期的な時間軸の中で計画的かつ段階的に様々なステークホルダーと広報・コミュニケーション活動を展開し、製紙業界とその環境、生物多様性の取組みについて、広く社会的な理解を獲得し、ステークホルダーとの良好な関係形成に基づいてプレゼンスの向上を図っていくことが求められる。

　海外産業植林における「生物多様性への配慮」に関するメッセージや説明は、製紙業界の生物多様性の取組みの広い枠組みの中に位置づけ、総合的な観点から構築していく必要がある。

② NGO 及びメディアとの関係形成

　海外産業植林における「生物多様性への配慮」の取組みは、①で述べたように一朝一夕に社会的な関心や理解を得ることが難しい。上記の状況を考慮すれば、俄かに広く社会に対して情報発信を拡充、強化する前に、第一段階として NGO やメディアとの対話の場を積極的に設けることで理解形成を図り、良好な関係を構築しておくことが求められる。

製紙各社からはNGOとの対話を1社で行うことは負担であるとの声もあり、当面は日本製紙連合会が中心となって業界全体で取組みを進めることが望ましい。ただし製紙各社それぞれが自社の取組みについてNGOやメディアを含めて広報・コミュニケーション活動を展開することが基本となることから、各社においても日本製紙連合会と連携しつつ、NGOやメディアと継続的な関係構築を図っていくことが望まれる。

③将来的な製紙業支持層の醸成

日本製紙連合会と製紙各社はそれぞれ連携しながら、上記の観点から5年から10年の中長期的な計画の中で、将来的な製紙業支持層を醸成する取組みを推進する必要がある。この場合、直截に海外産業植林における「生物多様性への配慮」のみをテーマにすることは必ずしも効果的ではなく、広く製紙業の生物多様性の取組みを身近なものと捉え、関心を持ってもらえるようにする観点から取組むことが望ましい。将来的な支持層を獲得する観点から、学校教育の総合学習や大学の総合教育における環境学習などに取り入れられるようにアプローチすることも考えられる。

④製紙業界全体の認識共有化と製紙各社における広報体制の整備

日本製紙連合会は、中期的に製紙各社の「生物多様性への配慮」に関する考え方や取組みの進捗状況を確認した上で、製紙業界全体で共有すべき基本的な考え方やスタンスと、各社で個別に具体化すべき事項の調整を図り、前者について業界全体の認識共有化を推進することが求められる。

製紙各社は併行して、日本製紙連合会に協力して業界全体で共有すべき考え方やスタンスと調和させながら、自社の取組みの考え方を整理し、本社、関連会社、現地法人、委託先等の関連組織・部署間で常に認識と情報が共有され、適時かつ適切な情報開示及び広報対応が可能となるよう体制を整備することが求められる。その際、②にも述べたとおりNGOやメディアと継続的な関係構築に取組むことも望まれる。

6　今後の課題

今後の課題としては、①会員企業の生物多様性配慮の行動指針の策定の根拠及び参考となる業界としての生物多様性配慮の行動指針を策定すること、②会員企業がステークホルダーや一般生活者に対して海外植林及び生物多様性配慮に関する広報を行うにあったって有効な冊子等を作成することなどが考えられる。

（1）生物多様性行動指針案の作成について
①製紙業界と生物多様性との関わり

生物多様性に関する行動指針をすでに作成している業界団体、企業も多いが、内容は業種によって異なり、重点項目も違っている。製紙業界として行動指針に盛り込む内容を検討するにあたっては、製紙産業の企業活動において生物多様性との関わりを考える必要がある。

調査事業報告

　製紙産業は紙をつくるのに木材を使う。森林生態系からの生態系サービスである木材資源を使うという意味からすれば、生物多様性との関わりは深い。

　製紙業界と生物多様性に関わる分野は、大きく3つに分けられる。1つが原料調達のための植林や森林の管理。2つ目は原料が持続可能な森林経営からの供給であることを確認する責任。3つ目は企業が自主的に行う環境貢献活動、いわゆるCSRとしての生物多様性への配慮である。

　原料調達のための植林に関しては、2030年までに国内外で80万haにすることを目標として、2012年には海外植林では52万9000ha、国内外合計では67万7000haに達している。森林の管理に関しては、生物多様性の保全をはじめとする持続的な森林経営という観点で、森林認証、特にFM認証取得に積極的に取り組み、2011年には67万haの社有林で森林認証を取得している。

　責任ある原料調達としては、2006年に日本製紙連合会は「違法伐採問題に関する日本製紙連合会の行動指針」を策定し、原料調達方針をつくり、合法証明システムを作成して、原料のトレーサビリティを確保している。また2007年からは、会員企業独自の取組みに客観性と信頼性を担保するため、製紙連合会が違法伐採対策を監査する「違法伐採対策モニタリング事業」を行い、業界全体のレベルアップに努めている。

　2009年にはコピー用紙に係るグリーン購入法の判断基準で、持続可能性を目指したパルプの使用が認められたことから、合法性だけではなく持続可能性を確認する企業も増えている。こういうなかで、生物多様性の保全をはじめとする持続可能性が確保された原料を確保するという観点から、FSCとかPEFCの森林認証の中のCoC認証を取得したものを調達することに努め、2011年現在、調達するチップのうち森林認証材の占める割合は27.5%となっている。また、グリーン購入法の判断基準が改正されて間伐材も高く評価されるようになったこともあり、製紙業界としては間伐材の積極的な活用にも取組むこととして、「環境に関する行動計画」に間伐材利用量の拡大を目標としてあげている。

　生態系サービスに対する負担を軽減するという観点からは、資源の有効利用が非常に重要だという認識で、古紙のリサイクルに積極的に取り組んでいる。2011年1月に新しい古紙利用率目標を策定して、2015年度までに古紙の利用率を64%とする目標で取り組み、2012年には63.7%を達成している。（その後、2020年度までに古紙の利用率を65%とする新たな目標に取り組んでいる。）

　社会的な環境貢献活動としては、製紙企業は国内で34万haの社有林を持ち、人工林も天然林もあるので、CSRの観点から生物多様性の保全など自然環境に配慮した森林管理を行っている。また、社有林での貴重な生態系を活用して森林環境教育にも積極的に取り組んでいる。このほか、2008年に起きた古紙偽装問題への対応として、2012年度までの5年間に毎年1億ずつ拠出して5億円を、森林ボランティアの間伐等への取組みに対して助成を行った。

　日本製紙連合会としては、ICFPAなどの国際的なフォーラムや経団連の生物多様性に対する取組みに積極的に参画したり、講演会を開いたり、COP10ではサイドイベントにも参加している。

②製紙業界としての環境行動計画と行動指針

　製紙業界として行動指針をつくるには、製紙産業にとって生物多様性への配慮が重要であることを、まず明確にする必要がある。

製紙産業というのは、地球上の生物多様性の揺籃地であり CO_2 吸収源として地球温暖化防止に大きく貢献している森林から、再生可能でカーボンニュートラルな木材という生態系サービスの恩恵を受けて、紙という人間生活にとって不可欠な物資を供給している。

こういうことから、製紙企業が活動を行うにあたっては生物多様性に配慮するのは社会的義務であり、逆にそのことが、いわゆる製紙産業としての産業競争力の源泉でもある。

また、生物多様性の配慮には生態系レベル、種レベル、遺伝子レベルの3つのレベルがあることも明確にしておくことが必要である。

③企業体制について

企業体制に対しては、まず会員企業は、企業ごとに生物多様性の企業行動指針をつくり、経営方針の中で生物多様性にどう取り組むかを明示するべきである。

また、会員企業としては、いわゆる会社の執行体制の中で、生物多様性保全に対して責任を持つ担当者を明確にする。

加えて、生物多様性の保全に関わる NGO とか、自然保護団体、消費者団体、学識経験者やマスコミ、ステークホルダーとの意見交換の場を企業活動の中でつくるように努力して、その意見を企業活動に反映するようする。

次に、生物多様性の保全に関する取組みをホームページや環境報告書で情報公開することで、ユーザーや一般消費者に積極的に広報する。

さらに、会員企業は、日本製紙連合会の「環境行動計画」に基づいて、環境問題に積極的に取組み、そのことが間接的に生物多様性に対するストレスの低減につながることを明確にする。

④持続可能な森林経営について

持続可能な森林経営については、会員企業は、それぞれが所有または管理する森林については、経営計画の中に生物多様性の保全を明確に位置づける。

海外植林の推進に当たっては、FAO の「責任ある植林経営のための自主的な指針」に基づいて、河畔林や保護樹帯の保存、保護価値の高い森林生態系の保全、在来樹種の活用など、生物多様性の保全に配慮した森林施業の実施に努める。

さらに、生物多様性の保全をはじめとする持続的な森林経営を推進する観点で、FSC、PEFC、SGEC などの森林認証、なかでも FM 認証の積極的な取得に努める。

次に、所有する森林の管理・経営方針を策定するときには、環境 NGO や地元の住民との対話の場も積極的に設け、定期的にモニタリングをして、その結果をフィードバックして管理経営計画を改善するという、いわゆるエコシステム・マネージメントを実施する。特に、モニタリングの実施は生物多様性の保全については重要であることを明確にしておく必要がある。

⑤責任ある原料調達について

責任ある原料調達については、会員企業は、「原料調達方針」の中で生物多様性の保全に配慮する

ことを明示する。会員企業はそれぞれ「原料調達方針」を持っているので、その中に生物多様性の保全をきちんと位置づけする。

次に、「違法伐採問題に関する日本製紙連合会の行動指針」に基づき、違法に伐採され、不法に輸入された木材・木製品を一切取り扱わないことにより、違法伐採の根絶を通じて生物多様性の保全を図るようにする。

また、製紙原料の木材チップ、パルプなどの調達にあたっては、その合法性や生物多様性の保全などの持続可能性を確認するために、サプライヤーからトレーサビリティ・レポートを提出してもらうとともに、その信頼性・正確性を確保するための現地調査を行うなど、いわゆる原料のトレーサビリティをしっかり確保する。

さらに、森林認証、CoC 認証を取得した原料調達の拡大に努めるようにする。

トレーサビリティの確保については、その信頼性や透明性を確保するために関連書類を5年以上保管し、内部監査や第三者監査を行い、実施状況の情報公開を行う。

⑥社会的な環境貢献活動について

社会的な環境貢献活動については、会員企業は、国内の社有林など自社の自然資本を活用して、貴重な野生生物の保護、環境教育の場の提供、生態系に関する学術研究など、生物多様性の保全に関する CSR の実施に努めることを明確にする。

間伐材の利用促進、放置された林地残材や竹材、虫害材などの未利用資源の活用を通じて、生物多様性を育み、バイオマス資源の恵みをもたらす里地・里山の保全に資する CSR を実施する。

次に、製紙工場の緑化、工場見学等による地域社会との交流、それから、生物多様性の保全についての環境講演会の開催、環境に関する募金への拠出など、生物多様性の保全に関する CSR の実施に努める。

⑦対外的な連携の強化について

対外的な連携の強化ということで、会員企業は、日本製紙連合会が会員である経団連の自然保護協議会が協賛している生物多様性民間参画パートナーシップに参加するなど、環境 NGO、消費者団体等の民間の生物多様性保全の取り組みに積極的に参加していく。

また、世界の製紙団体の連合体である ICFPA や WBCSD、それから国連の FAO などの生物多様性保全のための国際的な活動にも積極的な支援を行う。

最後に、会員企業は、環境省、林野庁、経済産業省等の行政機関が行う生物多様性保全のための行政施策に積極的に協力するように努める。

以上のような内容を委員会で議論して検討を行い、委員の提言を踏まえて、「製紙産業の生物多様性行動指針（案）」についてとりまとめた。日本製紙連合会は、これを受けて、「生物多様性保全についての日本製紙連合会行動指針」を策定した。

（2）海外植林における生物多様性に関する広報のあり方について

　海外植林における生物多様性配慮に関する広報を行う上での現状認識として、本調査・研究・報告によると、製紙業界の取組みはほとんど理解されていない。製紙産業が積極的に展開している海外植林の実施にあたって、生物多様性に配慮していることが認識されていない状況にある。

　また、単一樹種の短伐期施業については、生物多様性によくないという誤解もある。さらに、製紙産業は紙の原料として木材を使用しているが、そのこと自体、それがそのまま即森林の減少につながっているという誤解が非常に根強いことも報告されている。

　このような現状での広報は、製紙産業は海外植林の実施にあたって、持続可能な森林経営を通じて生物多様性の保全に最大限配慮しているということ、製紙産業は木を使って環境を破壊しているという誤ったイメージは一朝一夕では容易に払拭できないことを十分に認識をしながら、その改善に努めることを広報目的としていく必要がある。

　広報の対象としては、3つに分類して考えていく。1つ目は海外植林や生物多様性についてほとんど知識を有していない一般消費者。

　2番目としては、自ら使用している紙及び紙製品の特徴を消費者にアピールしたいと考えているユーザー。ここでのユーザーというのは、例えばノートやコピー用紙などの紙製品をつくっている企業。

　3番目としては、海外植林や生物多様性の現状について批判的な意見を持っている環境NGOやメディアを考えている。

　広報の内容については、まず、製紙業界がどのような環境理念を持っているのかを明確にする。その際には、遺伝子レベル、種レベル、生態系レベルに対応した考え方も明示しておく。

　また、各分野の専門の方から情報収集を行い、その内容を有効に活用する。海外植林を行っている製紙会社の基礎資料、事例などが考えられる。さらに海外植林に関係する行政機関、国際機関、林野庁、環境省、ITTO、経団連の自然保護協議会、それから、学識経験者、研究機関を取材し、その内容を活用する。

　また、製紙業界では、製紙連合会の広報担当が入手した情報、環境NGOや大手のマスコミ環境担当記者の意見も参考にしながら内容を考えていくのがいいのではないか。

　広報の手法については、製紙産業の環境配慮に関する広報の一環として、海外植林における生物多様性配慮をアピールしていくのがいいのではないか。マスコミなどの企画に相乗りしてPRをすることも有効な手法である。

　広報のツールとしてはパンフレットやDVD、CDとして、基本的に一般向けと専門家向けに用意するのがいいと考えられる。また、製紙連合会としては広報のツールを作成するにあたっては、参考になる資料を作成する必要があるが、既に検討委員会を通じて資料収集ができている。

　広報を行う方法としては、業界団体レベルで行うところと、個別企業で行うところで違いがある。業界団体レベルということで、製紙連合会が実施できることの1つとして環境講演会がある。

　製紙連合会は、全国各地の地方新聞社と共催で、環境講演会を年に1回開催してきた。この環境講

演会の中で、海外植林における生物多様性を1つテーマとして取り上げて、その内容については、地方紙の中で記事として紹介してPRを図る。

雑誌広告としては、製紙連合会は月に1回、週刊誌に見開き2ページの宣伝を行っている。内容は有名人のインタビューが中心だが、そのなかでPRすることも考えられる。

COP10のような国際会議では、サイドイベントブースや展示でパンフレット配布をすることもできる。生物多様性関連のシンポジウムに参加をして、広報を行うことも可能である。

ステークホルダーとの意見交換ということで、環境NGOや消費者団体等ステークホルダーとのオフサイトな会合を年に1回ぐらい定期的に開いて、その中でお互いに情報交換することも、1つ有効な手段になる。

パンフレットについては、製紙連合会として生物多様性に関するパンフレットを作成するが、ほかのパンフレットでも生物多様性について触れることに努める。

製紙各社の取組みとしては、ホームページや環境報告書等の中で、自社の海外植林での生物多様性配慮をアピールしていく。

製紙各社は証券会社、投資コンサルタントを対象としたIR説明会を行っているが、投資家も自然環境への関心が高いので、そのような機会に生物多様性の配慮への取組みをアピールすることも非常に有効である。

また、エコプロダクツ展などの大きなイベントで、ブースを出す製紙会社は、そういった中に生物多様性についての広報を入れていくことも有効である。

それから製紙会社は紙を使うユーザーの方を対象とした商品説明会を開催している。そういった中で、生物多様性の配慮についてもアピールしていくことも、ユーザーを対象とした広報としては有効である。

最後としては人材の育成として、環境NGOとかメディアの方と個人的な関係を持つ。今の段階ではまだ組織的というよりは、個人レベルでの取組みが多いけれども、今後は積極的にそういう人材を会社の中で育成していく。また、そういう人材を戦略的に使っていくという方法も重要である。

以上のような内容を検討委員会で議論し、委員の提言を踏まえてとりまとめたのが、「製紙業界の海外植林における生物多様性配慮についての広報戦略（案）」である。

7　製紙業界の海外植林における生物多様性配慮についての広報戦略（案）

（1）広報を行う上での現状認識

・生物多様性についての一般認識が極めて希薄な中において、製紙産業が積極的に展開している海外植林の実施にあたって、生物多様性に十分に配慮していることがほとんど理解されていない。

・なぜ日本の製紙産業が海外植林を実施しているかについてほとんど理解されていない上に、単一樹種の短伐期施業を行っていることが生物多様性にとってよくないという誤解がある。

・製紙産業が使用している木材は、海外植林を始め木材生産を目的とした森林から供給され、そ

のことによって天然林への伐採圧力が軽減され、生物多様性の保全に貢献しているということが十分に理解されていない。

・製紙産業は、紙の原料として木材を使用しているが、そもそも木を伐採して使うこと自体が森林の減少につながっているという一般的な誤解が根強く残っている。

（2）広報目的

・製紙産業が海外植林を実施するにあったては、持続可能な森林経営を通じて生物多様性の保全に最大限に配慮していることを、一般消費者を含むステークホルダーに理解してもらう。

・そのことによって、製紙産業は木を使って環境を破壊しているという誤ったイメージは一朝一夕では容易に払拭できないことを十分に認識しつつ、その改善に努める。

（3）広報対象

・海外植林や生物多様性についてほとんど知識を有していない一般消費者。

・自ら使用している紙及び紙製品の特徴を消費者にアピールしたいと考えているユーザー。

・海外植林及びその生物多様性の現状について批判的な意見を有している環境 NGO やマスコミ。

（4）広報内容

・「製紙業界の生物多様性配慮の行動指針」を策定することによって製紙業界の環境理念を明確に示す。その際に、生物多様性の3段階（遺伝子レベル、種レベル、生態系レベル）に対応した考え方を示す。

・そのことについて、日本製紙連合会の「環境に関する行動計画」における位置づけを明確に示すとともに、「違法伐採対策の行動指針」との関係性も明確にする。

・広報戦略に使用されるツールとして考えられるパンフレット等を作成する。そのための資料として検討委員会による下記の取材内容を活用する。

①海外植林を行っている製紙会社

・海外植林の基礎資料（データ、写真）、海外植林の生物多様性配慮事例

・海外植林に関する対外情報公開（HP、環境報告書、パンフレット等）

・海外植林以外の分野での生物多様性配慮の実例

　王子ホールディングス、大王製紙、中越パルプ工業、日本製紙、北越紀州製紙、三菱製紙、丸住製紙

②海外植林に関係する行政機関、国際機関に取材

　環境省、林野庁、ITTO/ 国際熱帯木材機関

③学識経験者、研究機関に取材

東京大学：井出教授、井上教授

森林総合研究所：藤間氏、清野氏

④製紙業界

日本製紙連合会広報担当

⑤環境 NGO、メディア

FoE、WWF、経団連自然保護協議会、大手マスコミ環境担当記者

（5）広報手法

・海外植林における生物多様性配慮を前面に出してアピールすることは唐突の感が否めないので、国内における生物多様性配慮と一体的な内容として、製紙業界の環境配慮を広報する一環でタイミングを図って実施する。

・厳しい財政事情の下において、効果的な広報を行うために、マスコミ（TV放送局、新聞、雑誌等）の企画の中で採用されるよう働きかける。

・広報のツールとして、①一般向けと②専門家向けにパンフレット、冊子等の文字媒体や、DVD、CD等の映像媒体の2種類のツールを紙及び電子情報で用意する（日本製紙連合会は、個別企業が広報のツールを作成する上で参考となる資料集を作成する）。

・広報の発信方法として、従来の手法に加えて、Facebook、Twitter、YouTube等のSNSを活用する。

・日本製紙連合会を中心にした業界としての取り組みと個別企業による取り組みを有機的に連携して行う。

①日本製紙連合会

㋐環境講演会

・年1回、全国各地の地方新聞社と共催で行っている環境講演会のテーマとして取り上げてもらう。

・その開催内容を地方新聞社の記事として掲載してもらう。

㋑新聞・雑誌広告

・月に1回、週刊文春の末尾に掲載している日本製紙連合会の宣伝ページの中でPRする。

㋒国際会議

・生物多様性条約COP10のような国際会議のサイドイベントにおけるブース等において展示及びパンフレットの配布を行う。

㋓シンポジウム

・機会をとらえてシンポジウムに講師として参加するなどして広報する。

㋔パンフレット

・日本製紙連合会として生物多様性に関するパンフレットを作成するとともに、その他の各種パンフレットの中でも生物多様性について触れる。

㋕ステークホルダーとの意見交換会

・環境 NGO、消費者団体等ステークホルダーとのオフサイトな意見交換会を年 1 回程度定期的に開催し、製紙業界の生物多様性についての取り組みをアピールする。

②個別企業

㋐ホームページ、環境報告書等

・ホームページ、環境報告書等において、自社の海外植林における生物多様性配慮についてアピールする。

㋑IR 説明会

・証券会社、投資コンサルタント等を対象とした IR 説明会において、自社の生物多様性配慮の取り組みについてアピールする。

㋒大規模展示会

・毎年 12 月に開催されるエコプロダクツ展に出展する自社のブースにおいて広報を行う。

㋓商品説明会

・ユーザーを対象とした商品説明会の中で、海外植林における生物多様性配慮をアピールする。

・ユーザーの商品説明会等とタイアップして、紙の生物多様性配慮について広報する。

㋔環境 NGO、メディア等とコミュニケーションできる人材の育成

・環境 NGO、メディア等の関係者と業務を離れたオフサイトな場において人間的なコミュニケーションを行うことができる人材を自社内で戦略的に育成する。

㋕社会的な貢献活動

・企業の社会的貢献活動として実施している工場見学、出前授業や環境教育の中で、生物多様性の配慮についてアピールする。

3 海外における木質バイオマス植林実施可能性調査

1 調査の目的

　世界のバイオマスエネルギー消費量は、全エネルギー消費量 500 エクサジュール（EJ）／年の約 1 割を占め、この規模は原子力とバイオマス以外の再生可能エネルギー全てを合わせたものよりも大きい。IEA の 2050 年予測によれば、全エネルギー需要 600 ～ 1,000EJ ／年のうちバイオマスエネルギーが 50 ～ 250EJ ／年となっており、将来的には最大で全エネルギーの 4 割を占める可能性もある。バイオマスエネルギーの 9 割弱を占める木質バイオマスの利用状況については、世界的に増加傾向にあり、1989 ～ 1993 年平均の年間 17.05 億 m^3 から 2004 ～ 2008 年平均の 18.62 億 m^3 へと 15 年程の間に 1 割近く増加している。

　このようなバイオマスエネルギーの燃料供給を目的とした植林の動向は、今後、我が国の製紙企業が取り組んでいる海外植林の推進にも大きな影響を及ぼす可能性がある。このため、①世界的な木質バイオマスの需要予測、②バイオマス植林適地の賦存状況、③バイオマス植林の技術的、経済的な実施可能性などについて、製紙関係の世界的な調査会社 RISI と提携して調査を行った。

2 木質バイオマスの需要の現状

（1）西ヨーロッパ

　ヨーロッパにおける木質バイオマスの需要は、主に欧州委員会の 2020 年のエネルギーと気候変動に対する戦略（20-20）によって促進された。その戦略は 3 つの目標を掲げている。
- 温室効果ガス排出量を 1990 年比で 20％削減する。
- エネルギーの 20％を再生可能資源で賄う。
- エネルギー効率を 20％上昇させる。

　これらの目標の達成のために、EU（欧州連合）は各同盟国の状況に即した個別の目標値を設定した。再生可能エネルギーの比率目標値はマルタ共和国の 10％の最低水準からスウェーデンの 49％の最高水準までと幅広く設定されている。

　バイオマスエネルギー、特に木質エネルギーは、これらの目標達成にかかる最も低価格のオプションの 1 つである。2010 年からの 10 年間で 70％上昇し、2020 年におけるヨーロッパの再生可能エネルギー消費量の 68％がバイオマスエネルギーで賄われると予想される。

　欧州における再生可能エネルギーの約 2/3 は、何らかの種類のバイオマスで賄われている。欧州におけるバイオマスを用いた電力生産量の 36％は送電網に繋がれていない独立した発電システムによる電力であり、残りの 64％は熱電併給システムにより生産された電力である。欧州全体における

調査事業報告

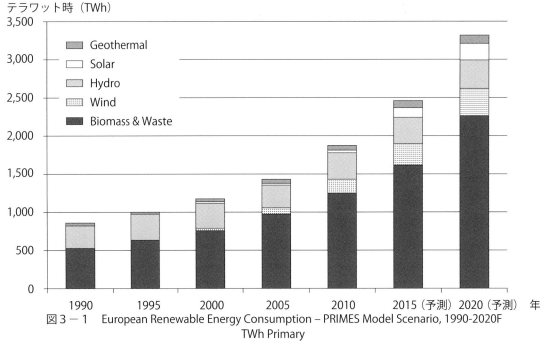

図3－1　European Renewable Energy Consumption – PRIMES Model Scenario, 1990-2020F TWh Primary

出典：Capros *et al.*（2008）for European Commission.

2010年のバイオマスの需要は200百万tであり、そのうち180百万tが木質バイオマスであり、残りの20百万tが農業バイオマスである。欧州で消費されるバイオマスの大部分は工場からの木屑（チップ、おが屑、削り屑、樹皮）である。ただし、林地残材のかなりの量が北欧で消費されるバイオマスファイバーとしてカウントされている。それとは対照的に、木質ペレットの消費量はバイオマス消費量の10％だけである。

バイオマス消費量には暖房のための地域へのエネルギー供給が大部分を占めている。このための発電所は10～20メガワットの発電量で、地域の消費者にエネルギーを供給している。複数のこれらの発電所は非常に大きく、300MWの発電所もある。主要なパルプ、製紙会社が稼動する製紙工場は熱電併給の施設であり、それらの会社がバイオマスエネルギーの主な生産者及び消費者となっている。当初、北欧の国々における形態であったが、近年は南欧においてもバイオマスエネルギーの供給量が大きく増加してきている。EUの主要な電力会社は急速にバイオマスエネルギーの供給量を増やしている。バイオマス消費量全体に占める輸入バイオマスの割合は比較的小さい（10％未満）が、その重要性は高まってきている。

欧州に入ってくるバイオマスのほとんどは、木材チップというよりも木質ペレットとして輸入されている。2000年から2005年にかけて北米から欧州、主にイタリアにバイオマスチップが輸出された。その量は年20万tに上る。しかしEUが規定する輸出前の針葉樹チップの加熱処理がなされていなかったために規定に違反するとして輸送は停止された。

木質ペレットの輸入量は2009年のわずか180万tから増加し、2012年には400万tを優に超える。デンマークは欧州内で最大の木質ペレットの輸入国であったが、イギリス、オランダ、ベルギーで近

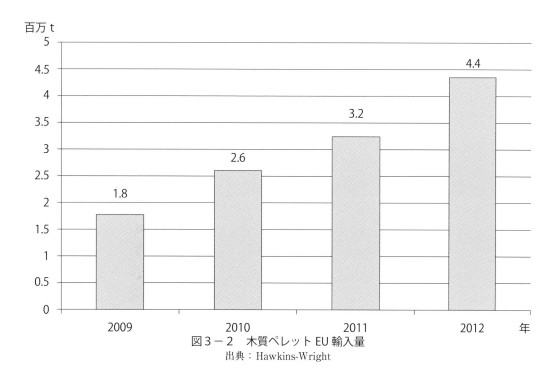

図3-2　木質ペレットEU輸入量
出典：Hawkins-Wright

年急速に需要が増えており、それらの国の輸入量がデンマークを上回った。木質チップ輸入に関するEUの規制によってバイオマスの大部分は木質ペレットとしてこれからも輸入されることは明らかである。

(2) 米国

米エネルギー情報局によると、バイオマスが米国全体のエネルギー情勢に占める役割は比較的小さかった。2000年の全体のエネルギー供給量である98.5クワドリリオン（10^{15}）Btu（1055ジュール相当）のうち、バイオマスエネルギーの供給量は3.2クワドリリオン（10^{15}）Btuを占めるのみである。バイオマスエネルギーのほとんどは紙パルプ産業で消費される。パルプの製造工程で発生する廃棄物は燃焼され、蒸気と電力がつくられる。産業セクターにおける熱電併給により、2000年には2.0クワドリリオン（10^{15}）Btuのバイオマスが消費された。

米国におけるバイオマス発電量（熱と電気）は2011年には1,541MWで2009年の1,351MWから増加したとRISIにより推定されている。木質ペレットの生産はより早い割合で増え、2009年の300万tから2011には460万tになった。2011年の木質ペレットの約80％が国内で消費され、約20％が輸出された。しかし、新規の木質ペレットの生産拡大のほとんどは輸出市場に向けられたもので、国内の需要向けの生産の拡大は限られている。米国における2011年のバイオ燃料の生産量はわずか100万ガロンであった。2011年には米国内で1,670万tのバイオマスが消費された。そのうち36％は木質ペレットとして、63％は電力生産に消費され、1％以下がバイオ燃料として消費された。この数字には2,000万tの製紙関連等の工場で消費されたバイオマスは含まれていない。

(3) 北アジア

　日本では新たな固定価格買い取り制度が2012年に可決されたために、現在、バイオマス（再生可能）エネルギーに対するより強力なインセンティブがある。これまでの木質バイオマス輸入の主要な用途は石炭との混焼である。複数の施設で現在3％の木質ペレットと石炭との混焼実験が行われている。日本の木質ペレットの輸入量は、2012年には明らかに約20～25％増加したけれども、ここ数年、年間約6万tで推移している。これらの輸入の大部分は関西電力がカナダBC州の木質ペレット製造者であるPinnacle Pelletとの長期契約に基づいて行っているものである。木質ペレットの輸入に加え、量は多くはないものの、中部電力がバイオマスチップをBC州から輸入している。

　日本における木質ペレットの消費拡大、利用計画は2010年の大震災で中断した。その後の原子力発電とその他の発電計画の見直しも同じく中断された。しかし、複数の工場は既に木質ペレットを用いる段取りができている。年間400万tの石炭を用いる東京電力の松浦工場は、年間30～40万tの木質ペレットをいつでも受け入れられる態勢が整っている。

　韓国は2010年に再生可能エネルギー利用割当基準（RPS）に関する法律を成立させた。この法律は大手の電力会社に発電に使用する資源の一定の割合を再生可能資源とするよう義務付けるものである。韓国の現在の主要な燃料は石炭であるので、大手の電力会社は早急に木質ペレットとの混焼を増やしていこうとしている。2012年後半から、複数の韓国企業は木質ペレットの輸入を増やそうと試みており、年末には輸入量が10万tになると推定されている。輸入されるバイオマスは全て木質ペレットである。図3－3は日本と韓国の木質ペレットの輸入量のトレンドを示している。2012年には韓国が日本を追い越すと推定される。

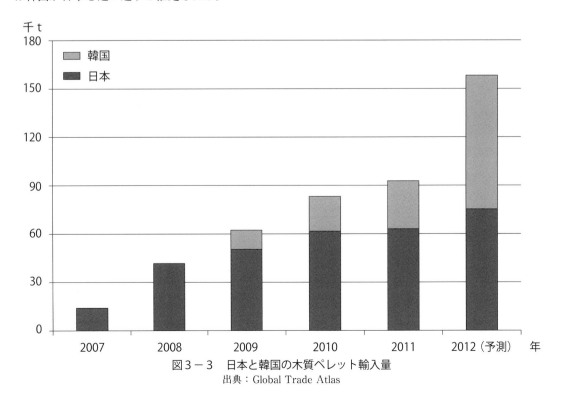

図3－3　日本と韓国の木質ペレット輸入量
出典：Global Trade Atlas

（4）その他の地域

①南米

南米における木質ペレット市場は非常に小さく、現在、稼動している３万ｔ規模のペレット工場の存在すら微妙であり、木質ペレットの総生産量は 10 万 t 未満である。しかし、燃料としての木材の消費量は非常に大きく、欧州や北アジアのように政府の方針に基づくものでなく、市場経済に委ねられている。代替エネルギー資源のコストは比較的高いため、木材の利用が最も経済的なオプションとなる。

これまでに植林木のエネルギーとして最も消費量が多い国はブラジルである。例えば 2011 年の産業活動における薪炭材の消費量はおよそ 4,500 万 m^3、植林地からの丸太の産業活動内の全消費量の 26％であった。これらの木材の主な消費者は、大豆を乾燥させて輸出を行う大規模な農業企業であった。しかし他にもブラジルには木質バイオエネルギーの多くの大規模な消費者がいる。繊維企業、レンガ製造者、化学薬品企業などである。現在、エネルギーとして消費される木材の大部分はパルプやそのほかの製品には不向きな幹の先端部分や小さな木材である。しかし、国内の一部では薪炭材生産のみを目的にした造林を行っている農家もいる。ミナスジェライス州もしくはそれよりも北部の植林の大部分は主に木炭と燃料用木材に向けられたものである。

他の 1,700 万 m^3 のプランテーションのユーカリは鉄鋼産業のための木炭生産に消費された。この木材は木炭を生産する目的で造成されたプランテーションからのものである。ブラジル国内のバイオマスエネルギー用の植林地面積は、世界中の国のバイオマス用の植林地を合算した面積よりも大きい。

②アフリカ

アフリカにはバイオマスエネルギーのために造成されたプランテーションはないに等しい。少なくとも２つの企業が木質バイオマス生産のための会社を過去５年の間に設立したが、その結果は様々であった。プランテーションからの木質廃棄物を利用してエネルギー生産を行うプロジェクトが増えている。

③オセアニア

オーストラリアは広大なユーカリプランテーションを過去 15 ～ 20 年間に造成した。それらは北アジア輸出用の木材チップ専用のプランテーションと言えるだろう。初期の造林企業には複数の日本の製紙会社及びその関連会社が含まれていた。JOPP の報告によると、2012 年には 20 の植林プロジェクトがあり、総面積は 13 万 1,000ha に上る。最終的な植林面積は 18 万 3,000ha を目指している。しかし、日本における広葉樹チップ市場の悪化と、より安価な東南アジアの競合品のために更なる拡大は見込めない。複数の日系企業が現在のパルプ用材のための植林地の一部を代替バイオマス資源用に充てることを考えていたとしてもおかしくはない。

オーストラリアは燃料炭とコークス炭に恵まれており、世界最大の石炭の輸出国である。非常に安価な石炭が多く採れることは、熱、電力生産のためのバイオマス増加を抑制する要因になる。

ニュージーランドはラジアータマツの製材用丸太のための植林産業が活発である。しかしオースト

ラリアのように広葉樹の植林産業を大規模には発展させてこなかった。北島のパルプ材用のユーカリ林の多くは害虫と病気により失敗した。南島において、日系企業の有するパルプ材用のユーカリ林の面積は大きくはない。

ニュージーランドは電力生産の大部分を再生可能な水力で行い、追加的に地熱を用いた電力発電（再生可能）を行っている。複数ある火力発電所へ供給するための石炭の埋蔵量も十分にある。このため、燃料となるバイオマス作物を育てるインセンティブが働いてこなかったし、その見込みもない。輸出用の木質バイオマスを育てることは経済的とは考えられない。

3　木質バイオマスの供給の現状

（1）西ヨーロッパ

西欧はバイオマスの輸出を行っておらず、純粋に輸入のみを行っている。またバイオマスの主要な生産者でもある。例えば、EU27カ国の木質ペレットの生産量は2000年の84万tから2010年には930万tに増加し、その翌年には1,000万tを超えた。

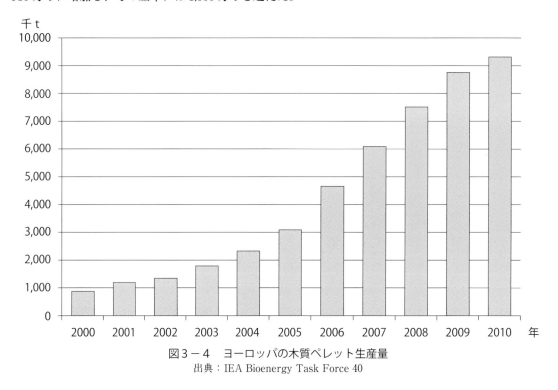

図3-4　ヨーロッパの木質ペレット生産量
出典：IEA Bioenergy Task Force 40

（2）ロシア西部

米国とカナダに次ぎロシア西部（ヨーロッパロシア）はEUへのバイオマスの供給量が多い。木質ペレットの輸出、おが屑、木材廃棄物が2004年の20万tから2011年には100万tへと急速に増えた。欧州へのバイオマス輸出のうち、およそ65％が木質ペレットである。2012年の欧州への木質ペレットの全輸出量は60～70万tになるだろうと推計している。それらの大部分はフィンランド国境

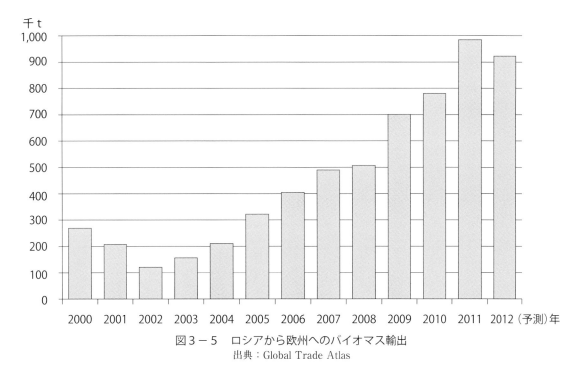

図3-5　ロシアから欧州へのバイオマス輸出
出典：Global Trade Atlas

沿いのビボルグスカヤの木質ペレット工場で生産されている。この工場は名目上年90万tの生産能力を有する。この量は世界の工場の中で最大の生産能力である。しかし最近まではその半分の生産量しか上げていなかった。ロシアには小規模な木質ペレット工場が140から200あり、その生産能力は230万tに上ると推定されるが、欧州へ輸出するには遠すぎて価格で競争できないと考えられる。

(3) 北米（米国及びカナダ）

　北米で供給されるバイオマスには、パルプ工場と木材加工場で熱及び発電のために利用される木質繊維が多くの割合を占めている。例えば2008年には林産業における電力のために約1,820万tが消費された。2011年に米国では、林産業で必要な木材の消費に加え、1,280万tの木材が木質ペレットの生産、もしくはバイオマス加工工場の電力のために消費されたと推計される。カナダでは同じ目的のために400万tが消費された。

　米国における木質ペレットの生産は2009年の270万tから2012年には500万t（推定）に増加した。一方、カナダの木質ペレットの生産は同時期に130万tから260万tへと倍増した。米国には126の木質ペレット工場があり、全体の生産能力は年間710万tに上る。カナダには38の工場があり、生産能力は300万tである。

　国内需要の増加が緩慢であるため、北米の木質ペレットの輸出量は、生産量よりも速いペースで増加した。カナダの木質ペレットの輸出量は2007年の56万4,000tから2011年には140万tへと増加した。2012年には170万tに達すると見られる。米国の輸出は2007年に始まったばかりで、その年は8万tであったが2011年には130万tに跳ね上がり、2012年には180万tに達する見込みである。

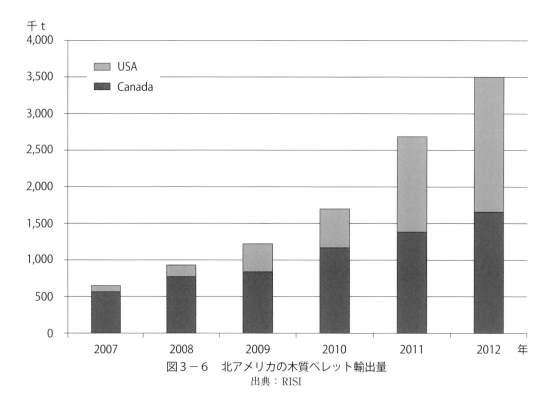
図3-6　北アメリカの木質ペレット輸出量
出典：RISI

（4）ブラジル

　欧州の電力会社がバイオマス資源を求めて海外に目を向けた際、ブラジルが重要な供給国となるであろうと考えられていた。しかしブラジルのバイオマス輸出はごくわずかでしかなかった。例えば、2012年の最初の9カ月間のブラジル通関による記録ではペレットの輸出量はわずかに6 t、おが屑と木質廃棄物が54 tのみであった。ブラジルは、現在、国際市場にバイオマスを供給しておらず、2013年もその見込みは薄い。

（5）その他の地域
①オセアニア

　Plantation Energy（PE）社は、2000年半ばに設立された。設立当初はオーストラリア中に木質ペレットの工場を建設し、運営するという野心的な計画を掲げていた。また、国内で7棟建設予定のあった工場のためのペレット生産機械の輸入も始めた。PE社の西オーストラリア州の木材原料には樹木をチップにした後のユーカリの残余物が年間12万tとラジアータパイン（間伐/残余物）の木材チップ/おが屑が年間6万t含まれる。

　PE社は当初ペレットをヨーロッパに輸出する契約を結んだ。しかし、適切な原材料の供給が困難なことと大不況のために契約容量の一部しか輸送ができなかった。貿易統計によるとPE社は2009年には1万1,000 tの木質ペレットを欧州へ、2011年には6万7,000 t、2012年2月に1万4,000 tの最後の輸送を行い、その後まもなく輸出は途絶えた。

②東南アジア

　東南アジアの非常に小規模なペレット生産業が、ようやく日本と韓国向けに輸出を開始した。2012年の最初の9ヵ月間で韓国はマレーシアから1万6,800t、ベトナムから1万5,500t、インドネシアから4,400tを輸入した。

　木材及び木質ペレットと肩を並べる、アブラヤシの加工プロセスから採られるバイオマスとして利用できる廃棄物にはパームヤシ殻（palm kernel shells：PKS）がある。PKSはヤシ油を搾りとって実を採った後に残る殻をいう。ヤシ殻は繊維質で生産ラインから最終消費されるまで、塊で簡単に運搬することができる。含水量は低く、10〜11%程度である。PKSはヤシ油が着いている場合があるために、木材チップや木質ペレットといった平均的なリグノセルロースのバイオマスよりも発熱量が高い。この製品は通常、ペレットにはされずに国際的に取引される。住友林業は2012年にPKSを5隻分輸入した。英国やオランダのいくつかの発電所もインドネシアとマレーシアからPKSを購入した。2009年にはマレーシアのみがPKSを600万t製造しており、その多くは輸出に回された。

③アフリカ

　2011〜2012年のアフリカからのバイオマスの輸出状況としては、リベリアとガーナからゴム材チップが、南アフリカからは木質ペレットが輸出された。EUは2012年の7月の後半までに、英国とオランダが南アフリカから5万9,000tの木質ペレットを輸入したと報告している。通常、南アフリカは年間6万〜10万BDTの輸出をしている。リベリアからは、ゴム材チップを欧州の電力会社に輸出している。2011年には21万tに輸出量が増加した。これらのチップはデンマーク、フィンランド、スウェーデンとポーランドに向けられる。しかしチップの質に重大な問題があり、含水量も多い。

4　木質バイオマスの需要予測

（1）バイオマスエネルギー（熱及び電気）

　EU各国では2020年度までの再生可能エネルギーの目標値を設定している。バイオマスエネルギーに関する特定の目標値は定められていないが、EU内の多くの国はバイオマスを用いたエネルギー生産に対するインセンティブを付与するプログラムを実施しており、多くの場合固定価格買い取り制度を通じて援助している。またエネルギー生産の一定の割合をバイオマスを含む再生可能資源で行うよう規制（RPS）をしている。結果的に、キャップアンドトレード制度のように、石炭発電所にバイオマスとの混焼、もしくは完全に石炭をバイオマスに切り替えさせるような、強力なインセンティブを与えている。

　北米では現在までバイオマスエネルギーはパルプ、製紙工場で生産され、林産業が主要な生産セクターであった。確かに国の黒液優遇税制は廃棄物利用に経済性を与える強いインセンティブになったが、バイオマスエネルギー生産は政府のエネルギー政策が主導したものではない。米国にもカナダにも国が定める再生可能エネルギー利用割合基準はなく、再生可能エネルギーの利用の促進、義務化の

目標数値もない。多くの州が独自に特定の年までの再生可能資源によるエネルギーの利用水準を定めている。

　一貫した政策支援に欠けているものの、連邦、州の規定に基づいて、また将来的な支援を期待して多くの新しいバイオマスエネルギープロジェクトが発表されてきた。2007年以降には米国で112の新規のバイオマスエネルギープロジェクトが発表された。それらのプロジェクトに必要となる年間の木材量は32.8百万tである。カナダでは31の新規事業が発表され、それらに必要となる年間木材量は8.4百万tである。

（2）バイオ燃料

　EUの2020年までのエネルギー目標は輸送燃料も対象にしており、熱と電気のためのバイオマスエネルギーと同じく、輸送燃料の10%という目標を目指すべく、再生可能輸送燃料としてのバイオ燃料の生産に対するインセンティブが複数存在する。しかし、再生可能エネルギー利用目標達成のための農産物等のバイオ燃料の使用には環境団体やNGOからの激しい反対がある。

　米国ではバイオマスエネルギーを取り巻く環境とは対照的に、国がバイオ燃料に関する規定を設けている。2005年のエネルギー政策法により国の再生可能燃料割合基準（RFS）が設けられ、車両の燃料に再生可能燃料を混入するよう規定している。2007年にはRFSを改正しエネルギー自給安全保障法（EISA）が成立した。改正された2010年3月の"最終規定"に従い、これらの混入目標は2022年までに360億ガロンまで引き上げられた。米国議会調査局は、5つの異なる省庁（環境保護庁（EPA）、農務省（USDA）、エネルギー省（DOE）、内国歳入庁（IRS）、税関・国境警備局）にお

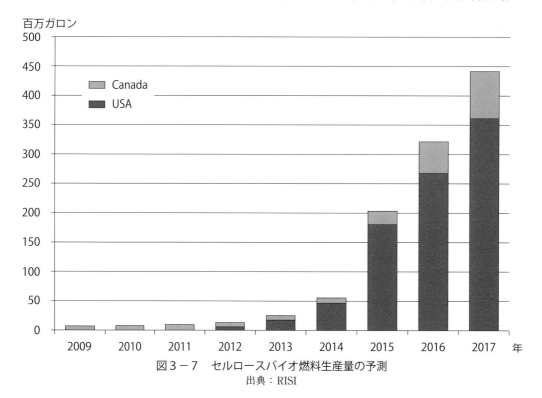

図3-7　セルロースバイオ燃料生産量の予測
出典：RISI

いてバイオ燃料支援のための 22 の連邦政府のプログラムもしくはインセンティブがあるとしている。これらのプログラムは税控除、融資保証、補助金及びその他のプログラムである。

　RFS の 2022 年の目標である 360 億ガロンの再生可能燃料の内訳は、最大で 150 億ガロンの第一世代の"従来のバイオ燃料"（ほとんどがコーンエタノール）と残り 210 億ガロンの"先端バイオ燃料"（160 億ガロンのセルロースエタノールと 40 億ガロンのバイオ燃料（種類問わず）及び 10 億 t のバイオディーゼル）である。しかし毎年環境保護庁は実際の生産能力をもとに目標値を調整している。

　2012 年には目標値が 900 万ガロンまで下げられ、バイオマスエネルギー産業の代替燃料の分野においては、想定されていたよりもずっと発展のスピードが遅いことが明らかになった。図 3 － 7 は RISI の現在の北米におけるバイオ燃料の生産量予想である。

（3）市場経済

　政府による規制、インセンティブ、補助金なしでは需要を維持できないであろうヨーロッパや北米や北アジアとは異なり、南米の複数の場所ではバイオマスエネルギーが単純にディーゼル燃料や天然ガスと比べて安価であったという理由で発達してきた。ブラジルのみならず、バイオマスプロジェクトはウルグアイ、チリ、またパラグアイでも実施されている。これら 3 国においては国内で原油は生産されないため、高価な輸入ディーゼル燃料の代わりにエネルギーとして木材が利用される。アルゼンチンでは低く設定されたエネルギー価格のためにバイオマス発電に投資する動機が弱い。

　アジアについては、日本、韓国において再生可能資源を用いたエネルギー生産を刺激するための政策が行われている。マレーシアのサラワク州の政府ですらも現在はバイオマスエネルギーの創出に関

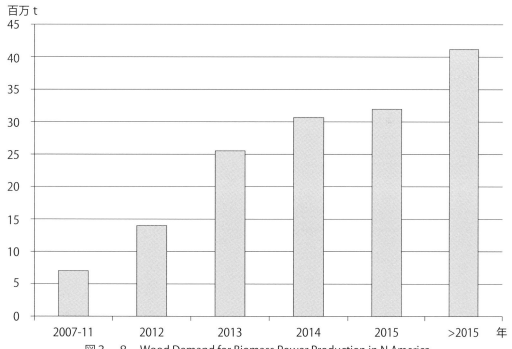

図 3 － 8 　Wood Demand for Biomass Power Production in N America
出典：RISI, Wood Biomass Market Report

心を持ち始めた。例えば、2012 年の 11 月にはサラワク州政府はパーム油を用いたバイオマス発電と木材加工場等 22 件の操業許可申請があったことを発表した。これらの事業の年間の発電量は 130MW である。

新規の木質ペレット事業進出の発表が将来のバイオマス需要予想を押し上げている。カナダでは 11 の新しい工場が建設予定であり、その総生産能力は 110 万 t である。米国では 29 棟の工場の新設が発表されており、その総生産能力は 770 万 t に上る。これらの新工場の大部分は米国南部に位置している。南部で建設されているか、もしくは建設予定の工場のほとんどが製材残材よりもパルプ用木材を使用することとしている。ロシアにはペレット生産に適した膨大な量の低品質な木材及び廃材があるのだが、木質ペレットの供給の見通しには疑問符がつく。この時点でブラジルにおける新規の大規模なプロジェクトを挙げることはできない。複数の韓国企業が韓国へ輸出する木質ペレット生産のため、インドネシアで大規模な新規植林事業計画を発表した。

5　2020 年までの木質バイオマス需要の予測

（1）欧州

現時点で、上述したとおり助成金、補助プログラムがあるために、英国における新たなバイオマス需要が沸き上がっている。2020 年までに英国の産業用木質ペレットの需要（家庭の暖房用は除く）は年 2,000 万 t に上り、その他のヨーロッパにおける需要が年 1,500 万 t になると予測している。

European Biomass Energy Association（AEBIOM）は EU 内の木質ペレットの消費量が 5,000 万 t に達し、そのうち 3,000 万 t は輸入ペレットになるだろうと予測している。また、2020 年の EU 全体のバイオマス需要は年 1 億 1,500 万 t から 3 億 1,500 万 t の間になると予測している。そのうちの予想されるペレット輸入量は ゼロから 6,000 万 t になるとしている。IEA Bioenergy Task Force 40 では、全 EU のバイオマス需要は 2020 年までに 3,500 万 t、輸入量は 1,600 万 t から 3,300 万 t の間になると予測している。

IPCC は世界のバイオマスによる一次エネルギー生産量は 2008 年に 50EJ になり、2030 年には 80 EJ まで伸びると推定していた。IPCC は、この全量のうち、これらの数値の 25％が木質バイオマスとその他のエネルギー作物（菜種、ミスキャンサス（ススキ）等）を含むエネルギー転換用の作物で賄われることになると推計している

ヨーロッパの産業用木質ペレットの需要（2020 年）

（単位：千 t）

	Low	Base	High
イギリス	12	20	>30
ドイツ	0	0	>??
その他ヨーロッパ	12	15	18
合計	24	35	>55

出典：Hawkings Wright

（2）米国

　北米のバイオマスの需要は政府の促進支援が不足しているために他国ほど急速に増加する見込みはない。しかし木質ペレット生産のためのバイオマスの需要は、主に欧州へのペレット輸出のために急速に高まっている。図3－9のグラフは北米全体のバイオマスの需要を示している。

　米国における2011年の木材産業のバイオマスファイバーの需要は2,000万tである。この数値は徐々に上がっていくだろう。しかし、発電と木質ペレット生産のためのバイオマス需要が最も大きく伸びており、セルロースバイオ燃料生産のための木材の需要の伸びはそれよりも小さい。RISIの予想では2017年にかけてこれらのセクターにおけるバイオマスファイバーの需要は3,600万tへ2倍以上になる。

　エネルギー情報局（EIA, 米国連邦政府機関）は、2020年にはバイオマスが153億kWhの電力を生産、もしくは全発電量5兆4,760億kWhの0.3%にあたる電力を生産すると予測している。

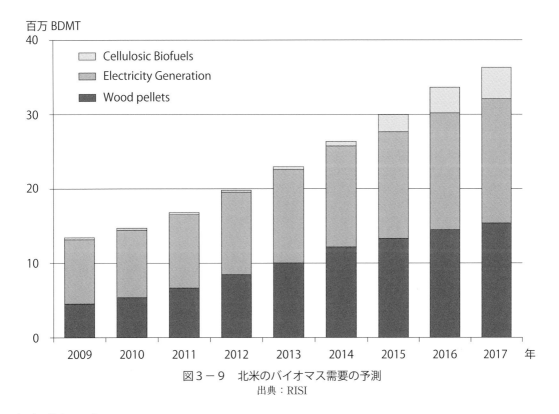

図3－9　北米のバイオマス需要の予測
出典：RISI

（3）北部アジア

　日本のバイオマスの需要は限られているが、固定価格買い取り制度による設定価格がバイオマス電力の開発に非常に好ましいものとなっている。韓国とは異なり、日本は国産、輸入の両方の木質ペレットと木材チップを組み合わせて使用することでバイオマスが拡大すると考えられる。

　韓国政府は再生可能エネルギー利用割当基準（RPS）を2010年3月に承認し、それにより大規模な電力生産者は再生可能資源から一定割合のエネルギーを生産することが義務付けられる。その割合は2012年の2％から2018年には8％、2022年には10%に引き上げられる。

調査事業報告

　韓国は発電の大部分を従来の資源で行っている。韓国エネルギー経済研究所によると、2008年には67％が石炭、29％が天然ガス、3％未満がオイルによる発電であったとのことである。もし石炭消費量の10％が2022年までに木質ペレットで代用されれば、年間1,300万から1,400万tの木質ペレットが必要になるだろう。韓国山林庁は木質ペレットの輸入量が2020年までに400万tに達すると見込んでいる。

　中国の第12次5カ年計画（2011～2015年）にも再生可能エネルギーの利用計画について記載がある。バイオマスエネルギーについて、2015年の目標は前回の14.5GWから13GWへと下げられた。ペレット（木材だけでなくその他の種類のバイオマスも含む）の使用は2015年までに1,000万tを目指しており、その利用は石炭火力発電所での混焼である。エネルギー生産に用いられる膨大な石炭消費を相殺するために木質ペレットを中国が輸入する可能性は多いにあるが、現在のところそういった計画は見られない。中国に全くバイオマス輸入の需要がないとしても、韓国と日本の需要により、バイオマス供給者に未だかつてないほどの巨大市場が開かれることは明白である。このことにより現在の木質ペレット市場の再編成が促されるだろう。例えば、BC州の供給者は欧州からアジアに輸出先を切り替え、欧州へは北米の東海岸からの輸出が主にあてられるようになるであろう。

6　バイオマスの供給ソースに関する議論

（1）製材残材

　現在までのバイオマスエネルギーのための最良の原材料は製材残材である。その理由としては、①比較的含水率が低めである、②収集が簡単、③エネルギー作物として育てられたものとは違い木材生産の副産物である（そのためコストが低い）──がある。しかし製材残材には3つの問題点がある。

　まず、多くの場合、これらの製材残材の優良市場は既に確立されている。熱や電力の発生のために製材所で利用されているだろう。その他の用途として製紙用やパーティクルボードやMDF（中密度繊維板）等の木材パネルの生産に使われるか、家畜の敷料として販売されている。2つめの問題は木質バイオマスの需要の急速な拡大に、製材残材の供給量が全く追いつかないことである。木材製品生産の予測成長量は予想されるバイオマス需要量よりもずっと遅いペースで推移するとされる。大口のエネルギー利用者にとって、バイオエネルギーとしての製材残材利用の3つめの抑制要因は、製材や合板市場によって製材残材の供給が大きく変動することにある。

（2）林地残材

　林地残材（樹木の先端部、枝、割れた幹、木片等収穫後に通常残るもの）は製材残材を補うバイオマス資源とされる。林地残材は道路沿いにあってコストがかからず容易に収集できるものと、伐採箇所に散らばって集材に手間もコストもかかるものとに分別される。道路近くの林地残材は収集、チップ化され、既に多くの場所で使用されている。林地残材の利用の主な阻害要因はバイオマス消費者までの輸送距離にある。道路沿いの林地残材であっても、多くの国では通常、この資源は高コストであるとされており、供給を大幅に増やすことはできない。

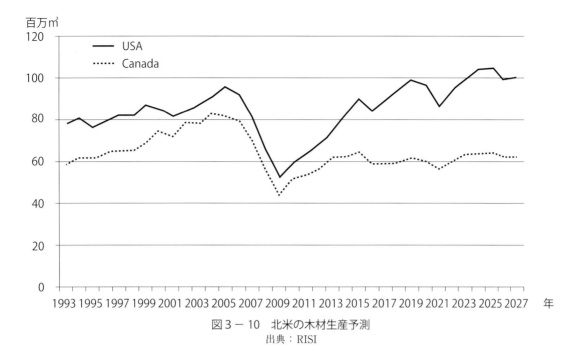

図3－10　北米の木材生産予測
出典：RISI

（3）木質バイオマス専用プランテーション

　木質バイオマス専用プランテーションの利用には3つの基本的な論争がある。

①バイオマスエネルギーセクターの競争は、世界的に木材の需要が劇的に増えると見込まれているため、原材料が高騰し、既存の森林産業がダメージを受ける可能性がある。EU、北米、日本、その他の地域の産業団体は各国政府にエネルギー生産のための木材の利用に対し、現在の林産業を犠牲にしてまで不公平に助成をしないよう求めた。これを解決する唯一の方法はエネルギー専用のバイオマスのためのプランテーションを新たに造成することであるという意見が多い。

②バイオマスエネルギーが推進される一番の理由は地球温暖化を悪化させる温暖化ガス（GHG）の排出量の削減にある。しかし、バイオマスの海上輸送に際してもGHGが排出される。バイオマスエネルギーのための植林地をバイオマス消費者の近くに設置することで、輸送コストも抑えられGHG排出量も削減できるという主張もある。

③多くの環境団体やNGOはバイオマスエネルギーの開発に断固反対しており、代わりに太陽光や風力等の代替再生可能エネルギーの開発に政府は注力するべきであるとしている。樹木がエネルギー生産の目的で伐採、燃焼されて炭素が排出されるとすると、その炭素は伐採された樹木が再植林され成熟するまで相殺されない。これが反対派の主張である。しかしバイオマス植林の理論は次のとおりである。バイオマスエネルギー生産のために木が特別に植えられる。そのため、樹木の燃焼による炭素の排出量は、樹木が燃焼される前に既に吸収されていた分となる。よって、バイオマス利用がカーボン・ニュートラルなものであることは確実である。

調査事業報告

7　木質バイオマス専用のプランテーションの面積

（1）樹種別

①ユーカリ

　現在までにエネルギー生産のための植林で一番植えられた面積が大きいのがユーカリである。ブラジルには木炭生産のためのユーカリ植林地が 100 万 ha 以上存在するが、木材の用途は木炭、パルプ、建材等であり、バイオマスは副産物として生産されているに過ぎない。我々が把握しているブラジルにおけるバイオマスエネルギー専用の植林地は 3 ～ 4 万 ha だけである。それ以外の国では木炭やエネルギー材利用のための植林地の面積はずっと小さく、アルゼンチンでは 1 ～ 2 万 ha、パラグアイでは 1 万 ha である。スペインにおいてはパルプ生産の ENCE 社が最大のバイオマスエネルギーの生産者であり、"エネルギー作物" として Huelva のパルプ工場の近くに 6,500ha のユーカリ林を持っている。ENCE はバイオマス専用植林地を 2 万～ 2 万 4,000ha まで、将来、拡大する計画をしている。ユーカリ植林は世界中で実施されているものの、ブラジルを除いては産業規模のエネルギー用植林地の面積はまだ非常に小さく、おそらく全体で 10 万 ha に満たないであろう。

②ポプラ

　2011 年に欧州バイオマス協会（AEBIOM）は、欧州全体で 1 万 3,000ha の短伐期のポプラのエネルギー専用のプランテーションがあると推計している。これまでは、ほとんどのポプラのエネルギー用のクローン種はイタリアで開発されたものであったが、最近は耐性の強いドイツで開発されたクローンが出てきた。また、短伐期ポプラの木質バイオマス植林地が現在ポーランドで造成されている。ハンガリーでも同様のプロジェクトを実施している。どちらの事業も最低 1 万 ha を植林する予定である。

　米国ではポプラのバイオマス専用の植林地は Greenwood Resources 社が実施している、連邦政府による助成がなされるバイオマス作物支援事業（BCAP）として造成されているものである。この事業により米国西部（オレゴン州）の 8,000acre、すなわち 3,225ha の植林に資金援助がなされている

　南米における唯一のポプラのバイオマス植林地は Greenwood Resources 社が運営している。企業報告によると、2012 年にはチリで 1,000ha のエネルギープランテーションを造成した。

③ヤナギ

　ヤナギは 350 種に及び、そのうちの 175 種は低木ヤナギであり、これらの種がバイオマス向けの植林にも用いられる。ニューヨーク州立大学の Dr. Tim Volk は北米のヤナギのバイオマス植林地は 1,000acre（400ha）ほどであると推定している。連邦政府の BCAP プログラムによる助成を受け、同氏のプロジェクトの中で 3,500acre（1,411ha）のヤナギ植林地をニューヨーク州に造成する予定である。

　ヤナギは欧州では米国よりも多く植えられており、AEBIOM は 2011 年には 3 万～ 3 万 6,000ha が

62

植林されたと報告している。この数値は現在までの欧州における短伐期のエネルギー樹種の中で最も大きい。そのほとんどは 1980 年代に始まった短伐期のエネルギー作物開発の先駆けであったスウェーデンに植林されている。2011 年には 1 万 1,000ha から 1 万 6,000ha のヤナギを植林したとの報告がある。ヤナギは北部の寒さの厳しいスウェーデン、デンマーク、エストニアで植えられており、北東ドイツではヤナギとポプラが同等の割合で植えられている。

④ニセアカシア

ハンガリーには ニセアカシアの 40 万 ha 以上のプランテーションが存在し、そのうち 2/3 は萌芽更新により造成された。これらのうちの一部がバイオマスファイバー専用の植林地とされており、収穫量の約半分が薪炭材として利用されている。ブラジルの工業用の薪炭材のユーカリ植林地とは異なり、ニセアカシアの多くは家庭の暖房用に植林されている。ルーマニアでは植林地の 60％がニセアカシアと推定されるが、そのほとんどが無垢材に加工されるか、そうでなければハンガリーと同じく薪炭材にされる。短伐期のエネルギー作物として植えられているニセアカシアの面積は小さい。しかしエネルギー作物産業はまだ始まったばかりである。

⑤その他

Leucaena leucocephala（インドでは subabul、東南アジアの複数の地域は Ipil-Ipil、日本ではギンネムと呼ばれる木）は、窒素固定を行う成長の早い樹木で地域コミュニティーでは薪炭材として利用される。しかし大規模なバイオマス用の産業植林にこの樹種を用いる予定については聞いたことがない。

チリでは少なくとも 2 つの団体がバイオマスの試験植林にアカシアの複数の種を用いている。この試験植林ではモリシマアカシア（日本向けの木材チップにされる、東南アジアとブラジルで育てられている樹種）、フサアカシア、メラノキシロンアカシアが用いられている。しかしこれらの樹種をバイオマス用の産業植林で用いているケースは聞いたことがない。

複数の開発業者はバイオマス生産のために桐のプランテーションの造成を提案しており、既にスペインのカディス近郊のビヤマルティンに RWE が 300ha の桐の植林を行った。また、投資会社の Valia グループはスペインにこの 2 年間で 500ha の同種のバイオマスプランテーションを造成し、最終的には 5,000ha に拡大する計画である。

Sweetgum（モミジバフウ）は米国南部でのバイオマスプランテーションに用いられており、Arborgen 社はバイオマス植林用のクローンの生産に成功したが、現在までに商業用に大規模にこの樹種を用いた植林はない。

竹（Bamboo）と称される種は 1,250 種あり、竹製品は約 25 億人の人々に日常的に用いられており、"新しい"樹種ではない。メキシコにおける米国への輸出用のペレット生産を考えている米国の造林業者をはじめ、多くの開発業者が多様な用途のために竹の植林を模索しているが、商業規模のエネルギー用のプランテーション造成事業はまだ 1 件も特定できていない。しかしロンドンの炭素基金が最近になってコンゴにおける炭素／バイオマスのための 6,000ha の竹の造林計画を発表した。

（2）国別

既に述べたとおり、ブラジルにおけるバイオマスエネルギー用のプランテーション面積は全世界のそれら造林地の面積を合わせた数値よりも大きく、推定で 100 万 ha を上回る。2011 年、AEBIOM は欧州のエネルギー用のポプラ、ヤナギの植林地の合算面積を 4 万 4,000ha から 5 万 ha と推計した。米国の木質バイオマス植林地は同年には 1,500ha には満たなかったであろうとされた。しかしその数値はこの先数年で 1 万 ha 近くまで増加するとされている。

8　木質バイオマス植林の世界のバイオマス供給量に占める割合の推定

現在までに造成された木質バイオマス植林地の面積が非常に小さいことから、世界全体のバイオマス供給量に占めるそれらの植林地からの木材バイオマスの割合が 1 ％に満たないことに疑問を差し挟む余地はない。バイオマスの種類別でも樹木は 0.5% 以下である。現在の世界全体において一番供給割合の高い木質バイオマスは製材残材で、次に林地残材が続く。概算でしかないが、全世界のバイオマスの全消費量が 2 億 t で木質バイオマス植林地面積は 5 万 ha に満たない（ブラジルの木炭用植林地を除く）。もし平均伐採量が 10 BDMT/ha/ 年であれば、この数値は少し多めに設定されているが、50 万 t の供給量になるとされる。つまりは消費量のわずか 0.25% である。要するに現在の植林地からのバイオマスの全体の供給量に占める割合は非常に小さい。

欧州のバイオマス需要予測のセクションにもあるとおり、予定されているエネルギー需要を満たすためのバイオマスがどこからどれだけ供給されるのかという調査が実施されてきた。2010 年と 2030 年のバイオマスの供給源の推定変動値の報告によると、“エネルギー作物” の数値の上昇幅が大きいが、この上昇分のほとんどは、バイオ燃料製造のための菜種などの農業作物によるものである。既に指摘したとおり、ブラジルの木炭生産用のプランテーションを除き、エネルギー用のバイオマスプランテーションの面積は現在限られたものでしかない。

Estimates of Biomass Energy Production by Source in the EU in 2010 and 2030

EL per year

Source	Year	Low	High
Forest Residues	2010	0.8	6.0
	2030	0.8	6.0
Agricultural Residues	2010	0.8	3.9
	2030	0.8	3.1
Wood Industry Residues	2010	1.0	no range
	2030	1.3	no range
Energy Crops	2010	0.8	2.0
	2030	4.3	3.0

出典：Bentsen and Felby, 2012

9 エネルギー用のバイオマス植林の土地の選定の上での留意点

・機械による収穫のために、また植林も機械で作業できれば理想的であるが、できるだけ平坦な土地を選ぶことが重要である。特に収穫は完全に機械化される必要がある。

・収穫、植林機械を用いるためには植林区画の最低面積が定められる。最低限の産業植林の面積は 20 ～ 30ha になるだろう。

・エネルギー用バイオマス植林のもう 1 つの重要な点は水の利用可能性である。長引く乾期にも耐える樹種もあるが、全バイオマス収穫量と水の利用可能性には緊密な相関性がある。十分に水が利用できることは非常に重要であり、米国オレゴン州の Greenwood Resources 社やスペインの ENCE 社は植林地を灌漑している。もちろんこの灌漑によりコストは大きく上昇する。

・経営が順調な植林地は、比較的バイオマス消費者の近くにある場合が多い。植林地からバイオマス消費者への輸送距離が短いことは、植林経営の成功の重要なポイントである。欧州内のバイオマス木材チップの輸送距離は一般的に 30 ～ 40km ほどでしかない。つい最近まで、大陸間の木質ペレットの貿易のほとんどは、廃棄物ファイバー を原料にしたものであった。

10 木質バイオマス植林で用いられる樹種

（1）ポプラ

・繁殖が容易である（挿木で容易に成長）

・萌芽更新も容易である。

・水が十分にあれば成長が早い。

・多くの国で研究が行われており、幅広い遺伝子改良種が利用できる。生育環境に合わせたクローン種の選択が容易にできる。

・病気にかかりやすい可能性がある。

・植林／収穫作業は一般的に休閑期に限られる。

・熱帯、亜熱帯地域には育たず温帯地域だけに適する。

（2）ユーカリ

・大部分の熱帯、亜熱帯地域の植林に適したクローン種が利用可能である。

・産業植林用の大規模な育苗、クローン種の開発、植林地経営の多くの実績がある。

・比較的繊維の密度が高く、通常、他の樹木よりも ha 当たりの繊維の重量が多い。

・萌芽更新の成否は樹種やクローンの選択によって異なる。

・ポプラとヤナギと同数の樹木を植林しても、苗木の生産にコストがかかるために割高になる。通常、ユーカリはそれらの樹木よりも 1 ha 当たりの本数を少なく植える。

（3）ヤナギ

・繁殖が容易である。

・萌芽更新でバイオマスの収穫がしやすいように多数の新芽を出す。

・ポプラよりも冷寒な土地での植林に適している（ニューヨーク州やスウェーデンなど）。

・類似した生育環境ではポプラよりも収穫量は低く、必要な水分量は多い。

・地下水面の高い土地では有用な樹種である。

・ポプラよりもヤナギの育苗作業は少ない。

11　木質バイオマス植林地開発の将来の展望

（1）エネルギー需要のための木質バイオマスの国際的な取引の大部分は木質ペレットの形で実施されている。もしバイオマスエネルギーの需要が予想通りに世界中で拡大していくのなら、現在の木材供給量よりも多くの木材を現在の需要を犠牲にして、エネルギー用のバイオマス生産につぎ込むか、木質バイオマス専用の植林地造成によりバイオマスの供給量を増やすほかない。

（2）最近まで、木質ペレット生産のための原料の大部分は、木材加工で発生した安価な残材か、カナダの被害木である。しかし、欧州との木質ペレットの取引が活発になるにつれ、新規のペレット生産者のほとんどは製材残材ではなく丸太のパルプ材をペレットに使用するようになるだろう。このことで米国南部のパルプ工場と OSB 工場でパルプ材調達を競い合うこととなり、パルプ材の価格は押し上げられるだろう。

（3）ほとんど全てのバイオマス植林には、どの地域で実施されようと、またどんな樹種が植えられようと、平坦、もしくは起伏のなだらかな土地で、土壌の状態が平均的に良好で、なおかつ水の適切な供給源があることが求められる。このため木質バイオマス事業は一般的に、異なる農業等の土地利用活動と直接的に競合することとなる。バイオマス作物や樹木の育成においては、生産性の低い土地では収穫量は低くなり、事業の経営に影響を及ぼすことになるというのが事実である。

（4）農業とバイオマスとの土地利用の競合が、欧州及び米国の一部でバイオマスエネルギーに対する大きな反対を呼び起こした問題点がある。バイオマス生産のために食料生産のための土地が奪われ食料価格が世界的に上昇するという主張である。また、バイオマス生産のために既存の森林が破壊されるため、エネルギーとしてのバイオマス燃焼は炭素の排出量増加につながるという主張もある。バイオマスエネルギーへの大きな反対があり、上記のような主張がされているため、以下の点を強調しておきたい。

①植林による木質バイオマスは、すでに大気中から燃焼の際に排出される炭素を吸収しているため、バイオマスエネルギーが"カーボンニュートラル"であることに疑問を差し挟む余地はない。

②木質バイオマス植林を実施する国や用地の選定は、エネルギー作物が食物生産に多大な悪影響

を及ぼさないようにするために入念に行う必要がある。さもないと炭素排出増加につながる天然林の伐採を引き起こしかねない。

（5）政府が環境保護の名の下で行ってきた再生可能エネルギーの推進は、欧州と米国が安易な住宅ローンと高騰する住宅価格に浮かれている時代であったからこそ実現した。CO_2の排出削減に賛成であったとしても、主要な国、地域が不況に襲われ、しかもそれがおそらく数年は続くとなると、電気／暖房料金の値上げを穏やかに受け入れる態勢ではないだろう。EUは再生可能エネルギーの予算を増加するか削減するか、各国が緊縮政策をとる中で論争が続いている。

（6）初期の木質バイオマスプロジェクトの多くは、造林を寛容な政府の補助金制度に頼っていた。しかし、この状況は補助金制度の変更とともに変化している。例えばドイツは補助金を減少、もしくはいくつかの州については全く支払いが行われていない。経済の悪化のため、補助金制度の保証に対し懸念が高まっている。

（7）複数の国で固定価格買い取り制度や再生可能エネルギー使用認証制度は何度となく改正されている。例えばドイツ政府は2000年から既に4度、英国政府も数回、日本政府についても、最近、政策の基本的な部分を変更した。長期的な木質バイオマス植林への投資に際し安定した政策を求める企業に対し、このことは信頼性を損なうものである。

（8）固定価格買い取り制度（以下FIT）により電力会社は原料の調達資金に余裕ができるが、高値で購入を強いられているわけではない（また法律や市場の圧力がなければ支払わずに済むものは支払われる訳がない）。重要な点は、木質バイオマス植林の採算の分析は需要と供給のバランスをベースに実施し、市場価格を反映させたものでなければならないということである。FITやその他の助成の下で電力会社がいくら支払えるかということをベースに分析をするべきではない。

（9）過去数十年間に特に欧州と米国、ブラジルにおいて、植林・収穫用機械のデザインと改良を含めた膨大な量の研究と開発作業が行われた。
　①樹種や特定のクローンの選抜に関する作業及び温帯性樹種と熱帯樹種の育種が行われた。またファイバーの生産量を最大にするための最適な植栽間隔が研究された。
　②ヨーロッパのいくつかの事業は高密度植栽（1万～1万3,000本/haで標準的な農業機械を使用）を好んで行っている一方、ブラジルでは高密度植栽事業は修正するか、植栽密度を低めるほうがよいことが最近になって判明した。
　③英国を拠点とする経験豊富な森林経営コンサルタントは、バイオマス作物のみの高密度植栽よりも、変更を加えたパルプ材植林を強く指示しており、顧客にもそうするように勧めている。

（10）アジアにおいては植林に適した熱帯性の木質バイオマスに関する研究は最低限にしか実施さ

調査事業報告

れていない。複数の韓国企業はインドネシアでバイオマス植林開発を実施する契約を既にしている。しかし、後述するが、これらのプロジェクトは天然林を伐採して植林地を造成するために問題視されている。

(11) 韓国政府は5～10年後の石炭利用から再生可能エネルギーへの大規模な切り替えに本腰を入れて取り組んでいる。韓国は世界でも有数の石炭消費国である。そのため大量の木質ペレットが必要となる。推定にもよるが、年間400万から1,200万t以上が必要とのことである。しかし、今の戦略のままでは木質バイオマス植林を企業に推奨することは難しいだろう。

(12) 将来のバイオマス需要に対し、日本がどのような対策をとるのか、国内でどれだけの量が供給でき、どれだけの量が輸入されるのか不明である。日本を文字通り激震させた2011年のあの地震以降、持続可能なエネルギー体制の新たな構築にある程度の年数を要することは当然であろう。

(13) 植林すべき樹種、予想成長量、将来の市場における需要量と価格から推定すると、現在のアジアにおける大規模な木質バイオマス植林への投資は投機的であるが、政府が長期的な補助金を保証し、長期的な買い取り契約をするなどの支援を行うのであれば、この見方も変化するだろう。

(14) 木質バイオマス植林開発に関する結論としては、木質バイオマス生産のみを主目的とする新規植林への積極的な投資は世界的にほとんどなされないということである。エネルギー用バイオマスの利用に対する特別な助成（残材や間伐材の利用に対する助成以上のもの）がされる場合や、利益が出るだけの価格を保証するための長期的な買い取り契約制度が設けられるのであれば、投資家は木質バイオマス植林の造成に積極的に乗り出すだろう。政府が現行通り、木質バイオマス植林に対して過剰な直接的助成を継続するのであれば。投資家も投資を継続するであろう。投資家のリスク回避姿勢とバイオマス市場を取り巻く大きな不確定要素のために、投資家のほとんどはエネルギー利用も可能な製紙用パルプ材植林（もしくは林地残材をそれに利用）に焦点をあわせるか、他の既に確立されている市場に目を向けることになるだろう。

12　どの樹種が最も利用されるのか

これまでの調査結果から、木質バイオマス植林の主流となる樹種が突然現れるようなことは考えにくい。新しい樹種を植えるための長い試験植林期間が必要であり、新しい土地においては既に成長が証明された樹種が用いられる。効率的な繁殖技術と大規模な苗床の設置には時間がかかり投資も必要となる。土壌と植林環境に合うクローンの選択にも時間がかかる。木質繊維の成長量が劇的に多い"スーパーツリー"がすぐに実現することはない。

ポプラとヤナギの研究は多く行われ、西欧や米国北部の温暖気候に適した多くの新しいクローンが開発された。これらの地域におけるバイオマス植林では継続的にこれらの樹種、クローンが利用され

ていくことだろう。

　複数のユーカリの樹種がバイオマス植林に利用されるようになるだろう。ブラジルの複数の地域では E. urograndis のいくつかのクローンが植林されている。植林経営者は厳しい条件の土地での植林可能性を探り、そういった土地に適したクローンは E. tereticornis や E. camaldulensis をベースに開発されている。どちらの種も長引く乾燥に耐性を持つ。

　最初の間伐の際に蓄積があるように、高密度植栽をマツの植林でも行うことはできるが、バイオマス植林にマツは用いられないであろう。通常、バイオマス植林開発には成長の早い広葉樹が用いられる。

　東南アジアの各地では、アカシアの複数の樹種が植林されている。これらはパルプ材としても幅広く植林されている。ネムノキ等の他の樹種も植林に使用されるだろう。

　しかしながら、樹種選択で重要な点は、投資家がバイオマス専用植林の造成リスクをとっても良いと思える水準の収穫量を出せる樹種を選ぶことである。もし今後、大部分の投資家が通常のパルプ材植林に焦点をあわせていくのであれば（木材の用途がパルプであれエネルギーであれ）、ほとんどの"バイオマス植林"はユーカリやアカシアといったパルプ材の樹種を利用していくことは明らかである。

13　将来木質バイオマス植林の投資はどの地域で行われるか

（1）ブラジル

　ブラジルが将来、木質バイオマス植林へ最も多くの投資を行うだろうと断言できる。なぜなら、以下のような要因があるからである。

・銑鉄生産に不可欠である木炭の生産のために、比重が高く、エネルギー量の多い特定の樹種の数十年間の育成経験がある。

・農業がいくつかの州で大きく発展していることから、それらの作物、例えば大豆などを輸出する前に乾燥するための新たなエネルギー資源が大量に必要となる。

・ブラジルは、パルプ材生産のための広大で、非常に経営の順調な成長の早い広葉樹植林産業を有している。また、最先端の研究開発により、ブラジルは木質バイオマス植林開発の先頭を切っている。

・ブラジル北部の一部の地域では未だに安価に大規模な土地が確保できる。それらの土地の多くには港にまで伸びる鉄道が走っている。この地域は欧州へ（ペレットとして）輸出する木質バイオマスを育てるのにはどの州よりも最適な位置にある。

（2）米国南部

　米国南部は土地もあれば、土地利用を自由に転換する習慣もあり、大規模な木質バイオマス作物植林が潜在的に可能である。しかし、需要の高まる農作物との競合が起きるだろう。

・バイオマスの安定した価格での一定量の供給を確保し、バイオマスがどこで収穫されたもので

調査事業報告

あるかという法的な要求事項をクリアにし、EU への輸入の際に問題が発生しないように、複数の欧州のポプラ生産者が米国南部におけるポプラのバイオマス植林に対する投資を引き込もうとしている。
・米国南部は、欧州のバイオマス市場まで近いことに加えて、産業植林の歴史が長いことから、この地域は木質バイオマス植林の開発には好条件である。

（3）東南アジア

・インドネシアは木質バイオマスの主要な生産者になるだろう。大規模に開発できる土地はあるが、パーム油やその他の作物と木質バイオマスは競合することになるだろう。複数の韓国企業が韓国へ輸出する木質ペレット生産のための木質バイオマス植林地開発を行うために、カリマンタンとパプアニューギニアに目を向けている。しかし、植林地の造成にあたり、これらの事業実施予定地の天然林が伐採されることになるため、将来、NGO の反対運動が盛んになる可能性が大いにある。それにより、これらの事業への投資へのリスクが高まるだろう。しかし劣化した利用可能な土地は同国内に十分にあるため、もし適切に行えば、大規模なバイオマス植林も可能だろう。
・その他の東南アジアの国々でも成長の早い、主にパルプ生産のための広葉樹植林地に対しそれなりの投資がなされた。しかし、韓国と日本の政府がバイオマス専用植林地から収穫されたバイオマスに対し特別な助成を行わない限り、バイオマス専用の植林ではなく、パルプ材や混合利用のための植林を実施することが当然の選択となるだろう。

（4）アフリカ

・アフリカの東海岸、特にモザンビークは大規模な木質バイオマス開発を実施できる条件を有している。しかし、収穫物を輸出するためには港が近くになければならない。実績のある複数のパルプ材植林企業も存在し、広大な土地が既に非常に低い価格でリースされている。この地域がバイオマス植林のターゲットとされる主な理由は、非常に安い土地の価格にある。
・ガーナ、コンゴ共和国を含むアフリカ中西部の"開拓者"精神のある国々には見込みがあるかもしれない。しかし、これらの国々の不安定さと成長の早い広葉樹植林の経験がないことから、東アフリカほどはこの地域に投資する魅力がないと考えられる。

14　東南アジアにおける木質バイオマスの需要及び供給の現状

　バイオマス資源（チップ及びペレット）の国際取引はこれまで北米の供給業者によって占められてきたが、日本のバイオマスエネルギー会社の関心が供給源として東南アジアに向くのは自然なことである。この地域はすでに、アジアの木材チップ市場向けの主要な供給地域となっている。例えば、2013 年の最初の 10 カ月に、アジア市場に輸入された広葉樹チップ全体の 61% を東南アジアが占めている。この中には中国が輸入した広葉樹チップ全体の 88% や、日本が輸入した広葉樹チップの

36% が含まれている。2008 年にアジアの広葉樹チップ輸入量に占める東南アジアの割合が 22.4% だったことを考えると、これは驚くべき供給量の増加である。

東南アジアからの広葉樹チップ輸出量は、2005 年に 200 万 BDT をわずかに上回る程度だったのが、2009 年には 400 万 BDT 近くまで増加した。2009 年以降、輸出量はほぼ 3 倍となり、2013 年には推定で 1,180 万 BDT となった。こうした膨大な量のパルプ用余剰木材チップ（及びごく少量のMDF 用木材チップ）は、当然ながら余剰繊維資源がバイオマスエネルギー生産用に輸出できるという憶測につながる。

東南アジアは日本から最も近い木材チップの供給地域の 1 つでもある。さらに重要なこととして、アカシアやユーカリの木材チップの余剰に加えて、東南アジアにはアブラヤシや農業分野に由来する大規模で成長するバイオマス資源の供給がある。

（1）バイオマス資源の種類

① 森林バイオマス

ⅰ 天然林―林地残材

東南アジアの一部では、アカシアやユーカリといったパルプ材生産のため、またはアブラヤシやゴム、その他の農作物を植えるために、今も天然林の伐採が行われている。こうした天然林の伐採に携わるいくつかの企業は、伐採される非商業用樹木のための市場を見つけようとしてきた。しかし韓国のエネルギー会社は、少なくとも大きな規模では熱帯天然林の伐採からつくられたバイオマスを買うことに関心を持っていない。同様に、木材チップを輸入するアジアのパルプ会社も、天然林由来の木材チップにはほとんど関心を持っていない。中国のパルプ会社でさえ、熱帯天然林由来の木材チップを輸入する意思はなく、植林地由来のものだけを輸入している。

ⅱ 天然林―製材残材

天然林の丸太を加工する製材所の残材から木質ペレットをつくっている企業はいくつかある。こうした残材は廃材として広く認知されているため、これからつくられた木質ペレットが韓国国内で使用されることに関して大きな懸念を持つ環境団体はないようである。ロシアを除いて、韓国の木質ペレットの主な輸入元は東南アジアであり、これらの木質ペレットの大半がごく小規模なペレット工場で製材残材からつくられている。しかし今のところ、東南アジアからペレットを輸入しようとする日本企業はほとんどない。これは、原料が管理された森林から合法的に伐採されたものであることを保証するための丸太のサプライチェーンに対する適切な追跡システムを、この地域のごく小規模なペレット工場が持っていないという事実によるものである。

ⅲ 植林地―林地残材または製材残材

アカシアであれユーカリであれ、パルプ材の植林地がエネルギー生産用のバイオマス資源をつくる

ために用いられることはまったく明白である。エンドユーザーがどの程度の樹皮を許容できるかに応じて、標準的なパルプ材植林地からつくられる燃料用チップは、木材パルプの顧客向けにつくられるチップよりもわずかに安くなるであろう。これは樹皮剥ぎのコストがかからないこと（樹皮を問題なく使用できる顧客向けに燃料用チップをつくる場合）、および比較的小さな幹をチップ化できることによる。しかしながら標準的なパルプ材事業も、樹皮や伐採の際に収穫される非商業用の樹種の使用を含めて、副産物として低コストのバイオマス資源をつくることができる。

②アブラヤシバイオマス

バイオマス分野に利用できる可能性のある最大の供給源の1つが、東南アジアの、主にインドネシア及びマレーシアのアブラヤシ産業である。しかし、アブラヤシの残渣は東南アジアにおけるエネルギー分野向けバイオマス資源の最大の潜在的供給源の1つであるものの、環境への配慮からその輸出は制限される可能性がある。少なくともヨーロッパでは、それ（アブラヤシバイオマス）を促進することは化石燃料の代わりに使用することによる影響と同じぐらい環境に害を与えるという懸念によって、バイオマスエネルギーに対する熱意は抑えられている。これが、欧州各国の政府が海外のヨーロッパ向けバイオマス供給源に関するきわめて厳しい持続可能性基準についていまだに議論している理由の1つである。

③タケ

FAOによれば、世界の竹林の合計面積は、1990年の2,950万haから2010年には3,150万haに増加している。この資源の60〜65%をアジアが占めている。東南アジアで竹林の面積が最大なのはインドネシアで、その後にラオス、ベトナム、ミャンマーが続く。竹林の所有者は国と民間に分かれる。例えばFAOの調査では、マレーシアとミャンマーではほぼ全ての竹林が国有であるが、インドネシアでは71%が民間のものである。またマレーシアとミャンマーでは竹林はすべて自然に再生しているが、インドネシアでは65%が植栽されており、自然に再生しているのは35%に過ぎない。

タケは確かにエネルギーを生産するために利用できるかもしれないが、より価値の高いタケの市場があまりにも有望で急成長しているように思われるため、この資源の大半をただ燃料を生産するためだけに燃やすことは疑わしいようだ。世界タケ機関（World Bamboo Organization）の推測では、タケ産業は年間100億ドルを生み、少なくともその50%が中国におけるものだという。この数字は2018年には2倍の200億ドルになると同機関は予測する。東南アジアには1,200種類のタケのうち500種類があり、多くの企業が中国の大手タケ製品企業と組んで、より価値の高い市場を開発したいと考えている。

④ゴムノキ

バイオマス資源の原料として考えられるもう1つの物質は、東南アジアのゴム農園から出る廃木である。東南アジアには推定1,240万haのゴム農園があり、全ての国で造成されている。アブラヤシ農園とは異なり、ゴム農園では毎年バイオマスがつくられるわけではなく、20〜25年ごとに木を植

え替える時にのみバイオマスが発生する。

　リベリアおよびガーナの古いゴムの木はチップ化され、バイオマスエネルギー生産のためヨーロッパに輸出されている。しかしながら、東南アジアには古いゴムの木を取り扱う非常に良い市場があり、家具用の板と、同じく家具の製造に使用される MDF およびパーティクルボードの製造に用いられるチップの両方を製造している。MDF や家具のような高価値製品用の古いゴムの木の良い市場が既に存在することを考慮すると、この分野がバイオマスエネルギーに適した供給源となる可能性は低いように思われる。

⑤ ココヤシ（ココナッツ）

　ココヤシは東南アジアの 740 万 ha で生育しており、アブラヤシ同様、年間何百万 t ものバイオマス廃棄物を生み出している（外皮 husk や核殻 shell のほか、ココナッツミルクやココナッツオイル、その他の製品の加工から発生する副産物から）。ココヤシの木はゴムの木と比べてはるかに長期間生産能力を持ち、中には 50 ～ 100 年もの間生産し続ける種もある。そうであっても、古いココヤシの木の植え替えによっても繊維資源が生産され、エネルギーを含む数多くの製品に利用される。ココヤシの二大生産国はインドネシアとフィリピンである。エネルギーの生産はココヤシ農園の主目的ではないが、数多くの企業が廃棄物をエネルギー生産に活用する可能性を探求している。

⑥ その他の農業廃棄物

　さまざまな樹木作物の農園で生産されるバイオマスの他、農業廃棄物もこの地域におけるエネルギー生産用バイオマス繊維資源の重要な供給源であると思われる。これには多数の作物が含まれるが、群を抜いて最も重要な農作物はコメである。もみ殻（rice husk）はバイオマスエネルギー生産を拡大する大きな力を秘めていると見られている。概して利用可能なもみ殻の量は、生産されるコメの量に比例する。インドネシアは群を抜いてコメの生産量が多く、東南アジアにおけるコメ生産量全体の 3 分の 1 を占めている。次いでベトナム（24％）、タイ（17％）、フィリピン（10％）、ミャンマー（9％）の順となっている。

（2）木質バイオマスの国別需給状況

① インドネシア

　インドネシアにおけるエネルギー用途でのバイオマスの消費量は、2000 ～ 2011 年の期間に年間 0.33％ という比較的ゆっくりしたペースで増加した。一方、エネルギー消費量全体に対するバイオマスの貢献度は、その他の種類のエネルギーがもっと急速に増えたため、同期間に 35％ から 25％ に減少した。インドネシアにおいてエネルギー用途で消費されるバイオマスの大半（84％）は家庭で消費されており、産業界による消費は約 16％ に過ぎない。家庭におけるエネルギー用途でのバイオマスの消費は主に薪や農業廃棄物である。数多くの研究により、インドネシアはバイオマスから年間 49,810 MW の電力を生み出す可能性を持っていると推測されてきたが、現在導入されている発電能

力はわずか 1,618 MW である。このように、この発電能力を十分に活用したとしても、インドネシア
のバイオマスの潜在能力の 3.25% を実現するに過ぎない。

インドネシアは世界最大のパーム油生産国であり、アブラヤシ農園の面積も最も広い。パーム油産
業はインドネシアにおける輸出額第 3 位であり、「戦略的産業」とみなされている。2000 年から 2010
年までの 10 年間に、インドネシアにおいてアブラヤシが植えられた面積は 360 万 ha、すなわち 86%
増加した。これは平均で年間 36 万 ha のアブラヤシ農園が増えていることになるが、2010 年以降イ
ンドネシアは、天然林を伐採から守る目的で、REDD プログラムの下、多額の外貨収入を引きつけ
るためノルウェーをはじめ様々な国と交渉している。このプロジェクトについての多くの公開議論に
基づき、アブラヤシの大規模な造成に向かう傾向は鈍化すると考えられたかもしれない。しかしなが
ら、2013 年初めの時点で、インドネシアにおいてアブラヤシが植えられた地域は推定で約 890 万 ha
だったことから、これは正しくなかった。インドネシア政府はかつてアブラヤシ農園の合計面積は
2015 年に 1,020 万 ha、2020 年に 1,280 万 ha に拡大すると予測していた。

i バイオマスの国内利用

輸出用バイオマスの供給に対する主な制限要因は、インドネシア政府による取り組みの大半が国内
消費を奨励するために行われてきたという事実である。

バイオ燃料—2008 年、エネルギー鉱物資源省（Ministry of Energy and Mineral Resources）は規
制 32 を発令したが、これは同国にとってかなり積極的なバイオ燃料に関する義務を制度化した。例
えば、輸送部門におけるバイオディーゼルは 2008 年の燃料使用量全体の 1 ％から 2020 年には最低
10％、2025 年には最低 20％まで引き上げられることが義務付けられた。この規制の一環として、
IDR2,000（=0.18US ドル）／ℓ だったバイオ燃料に対する助成金は、2012 年度及び 2013 年度には
IDR3,500（=0.31US ドル）に引き上げられた。

肥料—2008 年、インドネシアにおける化学肥料の消費量はおよそ 820 万 t だったが、有機肥料に
対する需要は推定 3,000 万 t であった。さらに、インドネシア政府は化学肥料使用に対する助成金を
減額し、有機肥料使用に対する助成金を増額してきた。インドネシアでは、有機肥料には動物性廃棄
物からつくられた堆肥と、アブラヤシの廃棄物などの有機廃棄物からつくられた堆肥の両方が含まれ
ている。インドネシア政府の方針は、農業廃棄物由来の肥料の使用を増やすことを目指しているよう
に思われる。

発電用バイオマス—インドネシアでは、バイオマスからつくられる電力の大半は、企業が自社のア
ブラヤシ加工工場に電力を供給するなど、自己利用するためにつくられている。販売されている電力
については、現在の生産量は 75MW と大きくなく、その大半はアブラヤシによるものである。しか
しこれは 2013 年には 58MW、2014 年にはさらに 90MW 増大すると予測される。

国内利用を奨励する取り組みとして、発電所が PKS（アブラヤシ核殻）により高い額を支払い、
国内で資源を利用することを可能にすることを期待して、インドネシア政府は 2012 年にバイオマス
発電所でつくられた電力の価格を値上げする省令を発令した。エネルギー鉱物資源省の省令 4/2012
は、バイオマス発電所でつくられた電力の価格を、地熱発電所向けの価格である 0.097 ドル／kWh

をやや上回る IDR 975（0.10 ドル／kWh）と定めている。

ii バイオマス輸出の可能性

　1970 年代後半から 1980 年代前半にかけて、インドネシアは日本向け熱帯広葉樹材の主な供給国であったが、1985 年に丸太輸出禁止令が出た後、この供給源はなくなった。現在は一部のアブラヤシ生産者が他国のバイオマスエネルギー生産者に PKS（アブラヤシ核殻）を輸出しているが、国内でエネルギーを生産するために利用できる可能性のあるバイオマス繊維資源の輸出を禁止するべく、すでにインドネシアでは議論が行われている。ICECRD（農務省の一機関）の研究者は 2012 年にプレゼンテーションを行い、その中でバイオマスは輸出するのではなく、「原産国内で」活用するべきだと結論付けた。しかしながら、インドネシアのパーム油協会（Gapki）はこのアプローチを拒否し、2013 年初めに PKS の価格は約 40 ドル／t であり、国内エネルギー用に PKS を活用しようとする企業は国際的に競争力のある価格を支払う準備をしなければならないと述べた。

　PKS の輸出は比較的多く、ヨーロッパや日本、タイなどに輸出されているが、インドネシアにおける木質ペレットの輸出はまだ比較的少量である。実際、インドネシアにおける木質ペレットの輸出を発展させるためのイニシアティブは数多くあったが、操業段階に到達したものはほとんどない。

　基本的に、インドネシアにおいて植林地を造成し、木質ペレットを生産しようとする韓国企業に関して発表された計画は、まず天然林を伐採し、その後新たに単一樹種の植林地を造成するというものである。韓国では、こうしたアプローチは容認される（もっとも、長期的には成功しないであろう）。しかしながら日本では、熱帯天然林の転換に基づくバイオマスを輸入するという計画は歓迎されないため、日本の製紙会社やエネルギー会社がこうした戦略を支援するとはとても考えられない。

　持続可能で経済的な輸出用バイオマス（チップまたはペレット）の供給源を開発しようとすることは大きな挑戦であるにもかかわらず、インドネシアはエネルギープロジェクトを開発する日本企業によって潜在的バイオマス供給源と考えられるべき国の 1 つである。重要なポイントは以下の通りである：

・カリマンタン（Kalimantan）には広い面積の植林地が造成されており、その一部は製紙用チップまたはバイオマス資源、あるいはその両方として輸出可能となる可能性がある。
・インドネシアの木材加工所の中には、小規模から中規模の木質ペレット生産を開発する可能性を持つところがある。
・PKS またはその他のアブラヤシ廃棄物の輸出規制に関する議論にもかかわらず、インドネシアにおける生産量はあまりに多いため、国内需要を上回り輸出可能となる可能性がきわめて高い。

　インドネシアから輸出するバイオマス資源の信頼できる供給源を開発するための主な課題としては、物流（国の多くの部分で適切な深海港がない）及びこの国における森林経営の持続可能性に関する懸念がある。森林破壊（合法なもの、違法なものとも）に関する過去の悪評のため、エネルギー消費者はインドネシアから輸出されるバイオマス資源が違法な伐採や有害な土地の用途変更、その他環境面で慎重になるべき問題がないことを確実にしたいと考えるであろう。

② マレーシア

　再生可能エネルギーに関する政策および行動計画（The Renewable Energy Policy and Action Plan）は、2030年までに再生可能エネルギーの設備容量を4,000 MWにするという目標を設定している。これは2012年に1％未満だったマレーシアのエネルギー消費量全体に占める設備容量の合計割合を17％にまで引き上げるものである。この目標には、バイオガス、バイオマス、固形廃棄物、小水力、太陽光発電（PV）の5種類の再生可能エネルギーが含まれている。バイオガスに関する目標は410 MWであるが、これはパーム油加工工場の大半を、工場廃液POMEから得られるバイオガスを利用するように変えることによって最も効果的に達成できる。バイオマスに関する2030年の目標は1,340 MWで、2020年の中間目標は800 MWである。建設される工場の効率によるが、これには600〜900万tのバイオマスが必要となる。これはグリッド接続された工場の近くに小規模な発電所を建設するか、産業集合体の近くにもっと大規模で効率的な発電所を建設することによって達成されると考えられる。

　マレーシアは世界第2位のアブラヤシ生産国であり、農園地面積または生産量においてインドネシアに続いている。2012年のマレーシアにおけるアブラヤシ農園地面積はおよそ510万haで、うち50％がマレー半島（Peninsular Malaysia）に、29％がサバ（Sabah）州に、21％がサラワク（Sarawak）州にある。同国におけるアブラヤシ農園地面積の合計は、2005年と比較して100万 ha、2000年と比較して170万 ha増加している。

　マレーシアにおけるアブラヤシ植栽地の面積は、30年以上急速に拡大してきた。同国におけるアブラヤシ植栽地の合計面積は1980年に100万 ha、1990年に200万 ha、2000年に340万 haに達した。2012年には、その面積は500万 ha以上に達した。

　2012年、マレーシアのアブラヤシ産業は8,300万BDTを超す固形バイオマスを生産した。この量は、2020年には8,500万〜1億1,000万BDTにまで増加すると予測される。同様に、POMEの量は現在の6,000万tから、2020年には7,000万〜1億1,000万tに増加すると予測される。2010年の生産量の分析に基づいて、アブラヤシ産業が生産するバイオマスには、農園由来のもの（約4分の3がヤシの葉状体、4分の1が幹）が75％、工場由来のもの（中果皮繊維40％、空果房（EFB）40％、PKS 20％）が25％含まれている。

　パーム油産業は、概算で2020年に生産されるバイオマス1億BDTのうち、25％にあたる約2,500万BDTが経済的に回収可能だと見積もっている。国家バイオマス戦略（National Biomass Strategy）によれば、この2,500万BDTは現在、1 t当たりRM 250未満（およそ78ドル／BDT）で主要な港をベースとする集荷施設に集めることができる。こうしたアブラヤシバイオマスの44％をマレー半島に、56％をマレーシア東部（主にサバ州）に蓄積することができる。もちろん、これは全てエネルギーに利用できるわけではなく、一部は木材製品の製造に利用される。

　アブラヤシ産業からさらに2,500万tのバイオマスを回収することが国の新しい目標と考えられるが、さらなる動員がなければ、「従来通り」のシナリオでは2020年に利用されるバイオマスは約1,200万tになるだろうと研究者らは予測している。この中には木材製品の製造用に消費される約300万t（2015年の100万tから増加）、エネルギー生産用に消費される約900万t（2015年の300

万 t から増加）が含まれている。このように、アブラヤシ産業によるアブラヤシバイオマスの回収は今後数年間は比較的ゆっくり進むものの、2015 ～ 2020 年に急激に加速すると予測している。

国家バイオマス戦略は、より付加価値の高いバイオ燃料（石油の代わりとなるもの）およびバイオケミカルの開発に重点を置いている。国内の電力源、特にアブラヤシ加工業者自身によるものについて、バイオガスエネルギーの開発が強力に推進されている。木質ペレット産業はバイオマスのサプライチェーンを開発するための短期的橋渡しとなる可能性があるとする意見もあるが、木質ペレット産業の開発は優先課題ではないように思われる。つまり、日本および韓国で木質ペレット市場が成長することを予測して、バイオマス戦略は投資家が迅速にペレットの生産能力（これは基本的に 5 ～ 6 年で完全に元が取れるであろう）を開発すると想定している。こうした工場がバイオマスの収集を促進し、その後より高付加価値のバイオ燃料やバイオケミカル産業にバイオマスを供給するのを助長することに影響力を及ぼすであろう。

非常に開発の進んだアブラヤシ産業に加え、マレーシアには約 420 万 ha のゴム農園や、67 万 5,000 ha の水田、これより規模は小さいがサトウキビなどその他の穀物の畑（わずか約 2 万 ha）がある。それでも、2011 年に発表されたマレーシアの国家バイオマス戦略 2020 は、ほぼ完全にバイオマスサプライチェーンの開発とアブラヤシ産業の加工処理だけに焦点を当てている。この戦略は、林業分野からのバイオマスの活用に関するいくつかのオプションについて論じている。国家バイオマス戦略は、サラワク州、主にビントゥル（Bintulu）地域のアカシア植林地から 100 万 BDT ／年のバイオマスが得られると予測しており、うち約 52 万 BDT ／年が回収可能と考えられている。この戦略はまた、比較的価値の低い平地では、アカシア植林地から得られる木材バイオマスよりはるかに低い納入価格でタケや 1 年生草本を育てることができることも指摘している。

Forest Research Institute of Malaysia が 2011 年に行った分析は、マレー半島の製材所、合板工場、成型工場による丸太の消費量は 490 万 m³ で、製品アウトプットの合計は 340 万 m³ であったことを示唆している。これはバイオマスエネルギーに利用できる可能性のあるおが屑やかんな屑、木材チップが約 150 万 m³ 出ることになる。この合計のうち、約 82% が製材所から、15% が合板工場から、4 % が成型工場からのものである。

マレーシアからの木質ペレットの輸出はすでに始まっている。2013 年の最初の 11 カ月に、韓国はマレーシアから 6 万 9,000 t の木質ペレットを輸入したと報告されている。

③タイ

タイ政府は 15 年間の再生可能エネルギー計画の下で活動している。この計画は、2022 年までに国のエネルギー必要量の 20% を再生可能な供給源からのものにするというものである。この計画は、2011 年末に政府によって承認された 2021 年までに 25% を再生可能エネルギーにするという 10 カ年計画に置き換えられた。2012 年のタイにおける再生可能エネルギーのエネルギー全体に占める割合は 9.4% であったため、この新しい計画は、国が新たな目標を達成するのを支援するため、バイオ燃料およびバイオマスエネルギーに関して野心的な目標を設定している。とりわけ、新しい政策は 2021 年までに輸送分野における消費の 44% をバイオマスにすることを目指している。

タイのバイオマス資源供給源として可能性があるのは主に農業廃棄物であるが、パルプ材植林地やゴム農園からの廃棄物も含まれる可能性がある。コメは圧倒的にタイで最も広く植えられている作物であり、2012 年には合計約 1,100 万 ha で栽培されていた。ゴム農園は 290 万 ha 近くあり、サトウキビ、タピオカ（キャッサバ）、トウモロコシはそれぞれ約 100 万 ha ある。専門家らは国内のユーカリ植林地の実際の面積について論争しているが、実際の数字はおよそ 80 万 ha である可能性が高い。それに加えて 30 万 ha のアカシアとその他の早生樹植林がある。最後に、2012 年のタイにおけるアブラヤシ植栽地の面積は約 71 万 8,000 ha であったが、政府は 2021 年までにこれを 88 万 ha まで増やしたい考えだ。

タイは海外市場にバイオマスを供給できる可能性のある東南アジア諸国の中で中程度に位置すると思われるが、信頼できる持続可能なバイオマス資源の供給を進展させることは難しいと我々は考える。輸出業者らが 2007 年にわずか 25 万 BDT だった木材チップの輸出量を 2012 年に 290 万 BDT にまで急増させることができたという事実は、タイには余剰の繊維資源があり、それを輸出に動員できることを示唆している。このように、タイは木材チップをほとんど輸出していないミャンマー、ラオス、カンボジアといった国と比べて、よりよい位置にいるように思われる。しかし、バイオマス供給国としてのタイに不利に働く要因として、タイがエネルギー用バイオマスの国内消費の発展を推し進めていることがある。さらに、木材チップ輸出業者が報告した問題は、より低価格のバイオマスチップもまた重大なコストの障壁に直面していることを示唆している。このように、タイはマレーシアやインドネシアといった国と比べて、輸出用バイオマス資源の供給国として魅力が小さいように思われる。

④ベトナム

ベトナムは短期的にはきわめて控え目な再生可能エネルギーの増加を目指しており、2010 年にエネルギー需要の 3％だったシェアを 2020 年に 4.5％、2030 年には 6.0％ に増やしたい考えだ。同国の長期目標は、最終的なエネルギー需要における再生可能エネルギーのシェアを、2050 年に 11％ まで高めることである。東南アジアの他の国と比べて、これらはきわめて控え目な目標である。国家電力開発計画（National Power Development Plan）には、バイオ燃料に関する目標はあるが、バイオマス発電に関する目標はない。

実際、ベトナムは驚くほどバイオマス発電に対するインセンティブが少なく、これはこの分野の発展が比較的遅い可能性を示唆しているかもしれない。例えば、ベトナムでは予定合計発電能力が 150 MW となるバガスによるバイオマス発電所が約 40 カ所建設されたが、現在の電力価格が低いため、いまだに国のグリッドに接続できていない。こうしたバイオマス発電所の中で現在稼働しているのは 5 カ所だけだが、そうした発電所に提示された価格はわずか 3～5 セント／kWh である。しかしベトナムは、バイオマス発電の合計発電能力を 2020 年までに 500 MW にし、2030 年には 2,000 MW にまで増やすという目標を設定している。このため、目標を達成するために新たな政策を実施しなければならない可能性がある。

だが、確かなことが 1 つある。ベトナムにはエネルギープロジェクトの燃料として利用できるバイ

オマス資源の供給が豊富にあるということだ。現在ベトナムには少なくとも200万ha、おそらく250万ha近くのアカシアとユーカリの植林地があると考えられている。また、ベトナムには1,000万ha以上の天然林も残されている。

ベトナムの家具産業は非常に急速に成長しており、木製家具の輸出は過去10年間、年率23％以上で拡大している。最近では、その他の木材製品の輸出も急激に成長している。これら両方の分野から、生産の拡大はペレットの原料となる可能性のあるおが屑をはじめとする、利用可能な製材残材が増えることを意味する。

だがもちろん、国内で利用可能な余剰木材繊維資源の存在を最もよく表わしているのは、アカシアとユーカリの木材チップの信じられないような輸出の拡大である。2002年、ベトナムの広葉樹材チップ輸出量は50万BDT未満であったが、これが2005年には110万BDTに増加し、2008年には200万BDTを越えた。ベトナムの輸出量は伸び続け、2011年にはオーストラリアを抜いて世界第1位の広葉樹材チップ輸出国となった。2012年、ベトナムは580万BDTを輸出し、2013年には730万BDTに跳ね上がると我々は予測している。

ベトナムは日本の発電プロジェクトに向けてバイオマス繊維資源の輸出を発展させる最良の機会を提示している。木質ペレットの輸出はすでに加速し始めている。例えば、2012年の木質ペレットの輸出量は、韓国向け約3万t、日本向け約4,000tを含む約3万4,000tであった。しかし、2013年の韓国向けの輸出は2012年の4倍以上の13万tに跳ね上がると予測される。

⑤ミャンマー
ミャンマーのエネルギー需要は14.7Mtoe（石油換算メガトン）ときわめて低く、タイのエネルギー消費量の約5％に過ぎない。ミャンマーのエネルギー需要のうち、驚くほど大きな割合をバイオマスエネルギーが占めている。FAOによると、2005年の同国の主なエネルギー需要の69.6％がバイオマスおよび廃棄物によるものであり、14.4％が天然ガス、13.7％が石油、0.6％が石炭、1.8％が水力、風力、太陽光といったその他の再生可能エネルギーによるものであった。別の情報源であるミャンマーの環境保全・林業省（Ministry of Environmental Conservation and Forestry）は、同国のエネルギーの64％がバイオマス、13.5％が石油、10.7％が天然ガス、9.6％が水力、残りが石炭によるものだと推測している。木質燃料の合計消費量は、年間約1,900万tである。

ミャンマーはコメの主要生産国であり、推定で400〜600万tのもみ殻を生み出している。2006年以降、コメ農家はこうしたもみ殻の一部（年間約35万t）を電気を生み出すためのガス化装置に利用してきた。ミャンマーではコメの他、サトウキビを年間1,710万t、トウモロコシを110万t生産している。ミャンマーにおけるバイオマス消費に関する調査の結果、消費量は年間およそ900万tであることが示されている。

ミャンマーには、120万haの私有地を含めて、推定345万haの「プランテーション」がある。これらの大半はアブラヤシまたはゴムであるが、チーク（teak）やその他の広葉樹のような私有の林業植林地が50万ha以上ある。しかしForest Trendsやその他の環境団体は、主に農地開発（アブラヤシ及びゴムを含む）によりミャンマーの森林面積は急速に減少しているようだと指摘している。報

告によれば、農業許認可権の下にある土地は 2011 年の 80 万 6,000 ha から 2013 年半ばには 210 万 ha と、わずか 2 年で信じられないほど急速に変化している。プランテーション開発のために天然林を伐採するという問題は、日本におけるエネルギー消費者にとってこのことが敏感な問題となる可能性がある。一方で、林業省によって造成されている広大なユーカリ植林地がある。

しかしながら、現在のところミャンマーがバイオマス輸出を発展させる可能性の推定には時間がかかりそうだ。だが同国は、木材チップの形でもペレットの形でも繊維資源を輸出していないため、重要なレベルのバイオマス輸出を開発するには膨大な作業が必要となると思われる。これは将来的な可能性にとどまっている。

⑥ カンボジア

カンボジアはその電力のほぼ全てを輸入した石油から生み出しており、国の多くの地域で電気がなく、電気の価格が高かったり電気を利用できなかったりすることによって、産業は制限されている。政府はこうした状況を改善するため、国連の資金提供プログラムを利用しようとしているが、現在までのところ取り組みは比較的小規模なものである。例として、2013 年初めにカンボジア政府は産業におけるバイオマスエネルギーを促進するための、560 万ドル相当の 4 カ年プログラムを発表した。

カンボジアにはまだ森林面積が 57% あると言われており、木質燃料が主な調理用燃料となっている（農村部では 100%、都市部では 60%）。薪に対する年間需要はおよそ 550 万 t で、木炭に対する年間需要は 125 万 t である。古いゴム農園からのバイオマス繊維資源が年間約 160 万 m³ 生産されているが、この資源は「枯渇しつつある」と言われている。需要先には家庭だけでなく、レンガ工場や衣料工場などの産業も含まれている。

カンボジアが日本のエネルギープロジェクトへのバイオマス輸出源となる可能性は低い。木材チップの輸出量は今後数年間拡大すると考えるが、カンボジアからの木材チップ輸出を発展させることは難しいと言われている。カンボジアはすでに深刻なエネルギー不足に直面しており、農業廃棄物の余剰も多くないことから、バイオマス資源は国内でエネルギーを生産するために全面的に利用されると考えられる。カンボジアに輸出用繊維資源を生産するためのバイオマス専用植林地を造成することは理論的には可能だが、これはきわめて困難であろう。

⑦ ラオス

薪はラオスにおけるエネルギー需要の推定で 88% を占めている（もっとも別の情報源によれば、薪 38%、木炭 40%、化石燃料による電気 22% と報告されている）。ラオスには推定 36 万 ha の林業植林地があり、うち 65% がゴム農園である。2011 年に行われたラオスのバイオマスエネルギー潜在能力に関する研究は、考えられるバイオマスエネルギー開発のうち 87% がもみ殻と稲藁の利用によるものだと計算している。

ラオスで生産される木材繊維資源はバイオマスとして輸出されるより国内で利用される可能性が高いため、我々はラオスを日本企業向けのバイオマス資源供給源として調査してこなかった。さらに重要なこととして、同国のエネルギー資源は十分に開発されておらず、海外のエネルギー消費者に輸出

するためペレットを製造するよりは、稲作や木材加工から出る廃棄物を国内でのエネルギー生産に利用する可能性の方が高い。

⑧フィリピン

　フィリピンにおける再生可能エネルギーはすでに大きく、設備容量は 5.0 GW となっている。The Renewable Energy Act of 2008 は 2030 年までに再生可能エネルギーを 15.0 GW まで増やすことを目指しているが、これは同国のエネルギー発電容量の 50% が再生可能エネルギーになることを意味している。目標とする再生可能エネルギーの増加を促進するための固定価格買い取り制度は 2012 年まで発表されておらず、2013 年にようやく仕上げられ、2014 年に最初のプロジェクトが開始されると見込まれている。

　利用可能なバイオマス資源が豊富なこと、及び再生可能エネルギーの固定価格買い取り制（FIT）を政府が承認したこともあり、フィリピンではバイオマスエネルギー開発が大いに重視されてきた。バイオマスの FIT は 0.136 ドル／ kWh に設定され、新たなバイオマスの設備容量目標は 250MW である。

　フィリピンにおけるバイオマスプロジェクトの一部は木材チップの利用を予定しているが、新規プロジェクトの大半は農業廃棄物によるものとなる。フィリピンは世界第 2 位のココナッツ生産国であり、世界第 8 位のコメ生産国である。ココヤシ、コメ、サトウキビ、トウモロコシからのバイオマスの合計年間発生量は、推定で 1,300 万 t である。EC-ASEAN COGEN Programme は、アブラヤシ及び木材加工産業からの廃棄物を含めれば、利用可能なバイオマスの供給量は約 1,600 万 t になると推測している。こうした資源の一部はすでにエネルギー生産に利用されていて、例えば砂糖製造業者は約 200 MW の電気の設備容量をもっている。しかし、砂糖生産から出るバガスでさえ、十分に活用されていない。

　バイオマスの輸出用供給能力の点で、現在フィリピンから輸出するための木質ペレットまたは木材チップを製造している企業はなく、こうした事業に企業が着手する確実な計画についても聞き及んでいない。フィリピンでは大量の農業廃棄物が発生しているが、物流が困難なこと、及び国内でのエネルギー開発が必要なことから、既存のバイオマスは国内にとどまる可能性が高い。日本企業がフィリピンを供給源とするバイオマスを開発する可能性は見出せない。

15　日本の製紙企業が所有する植林地において木質バイオマスを生産する可能性

　バイオマスエネルギー用の繊維資源を生産するため、さまざまな樹種を短いローテーションで栽培することができる。しかし、日本企業が海外の植林地においてバイオマス資源の供給源として新たな「スーパーツリー」を追い求めることは、基本的に間違っている。

　日本企業が東南アジア（または他の場所）の植林地においてすでに知っているパルプ材の樹種（ユーカリであれアカシアであれ）にこだわる理由は主に 2 つある。第 1 に、企業が新たな種の栽培を開始する時は必ず、学習曲線がある。多くの場合、こうした学習のための時間は企業が当初考えていた

よりも長くかかる。新たな樹種について最適なクローンや種子源を決定するということだけでなく、任意の樹種を新たな土地に持ち込む場合、最高の結果が得られる適切な施肥や雑草防除などを習得する必要があるということである。さらに、栽培経験のない樹種は対処しなければならない害虫や病気に遭遇することが不可避であり、こうしたこと全てに時間（及びかなりの投資）がかかる。

　バイオマス生産用の新種を拡大しない第２の大きな理由には、市場が変化した場合に備えて栽培者は柔軟性を維持する必要があるため、バイオマスにしか使用できない繊維資源を生産するように植林地を経営してはならない（例えば、パルプ生産に適していない可能性のある種や、木材製品に適していない種を用いるとか）ということである。バイオマス市場が期待通りに発展しない場合に、パルプ用にその繊維資源を利用できる限りは、植林地所有者がそのパルプ材植林地の一部をバイオマス資源の生産にあてることは構わない。

　最後に、海外の植林地の一部をバイオマス生産に活用しようとする日本企業は、成長率や収穫量、市場への近接性の点でよい結果を出すことが証明されているパルプ用樹種を使い続けることである。

（１）植林地経営体制についての考察

　極めて密度が高く、極めてローテーションが短いバイオマス専用植林地は、海外、特に熱帯に植林地を持つ日本企業にとって良い選択肢ではないと思われる。だが、その目的がバイオマス資源を生産することであるならば、標準的なパルプ材植林地の経営体制の一部の修正がよい考えではないとまで言うつもりはない。例えば、標準的な収穫設備機材が効果的に使用できる限り、植林の密度を高くしてもかまわない。これにより、より小さな幹であっても１ha当たりの生産量を増やせる可能性がある。製材用丸太が最終収穫物となる可能性がある場合は、早期間伐を含む体制により、最終収穫物の方針を維持しながらバイオマスを生産することができる。

　何でも対応できる「フリーサイズ」の経営体制は推奨することはできない。なぜなら、１つの樹種に適した体制は、別の樹種の場合適切でないことがあるからだ。また、エネルギー用に利用するエンドユーザーが容認できる樹皮の量が、目標とするべき最小径を決める可能性がある。

（２）場所及び代替市場に関する考察

　日本企業がどこにパルプ材植林地をつくるかを決定するのと同じ検討事項が、バイオマスエネルギーを生産するための植林地の検討にも当てはまるだろう。第１の検討事項は、植林地の生育と収穫量のほか、繊維資源を市場に輸送するための物流コストを含む経営費である。第２に、企業はさまざまな国の政治的・社会的状況を考慮しなければならない。投資はどの程度安全か、現地の役人や労働者と一緒に仕事をすることはどの程度困難か、日本企業は海外のパルプ材植林地の場所を選ぶ際に多くの基準を検討しているが、バイオマス生産用植林地の場合にもまったく同じ条件が適用されるだろう。

　場所選択における重要な違いの１つは、日本企業が日本向けだけでなく他の市場向けにもバイオマス繊維資源を生産しようとしているかどうかということである。例えば、ブラジル北東部にあるAMCEL植林地は、日本向けというよりはヨーロッパ向けのバイオマス資源を生産するための場所と

3 海外における木質バイオマス植林実施可能性調査

考えることができるだろう。ベトナムやインドネシアの植林地は、日本向けというよりも韓国向けの
バイオマス資源を生産するために利用されるかもしれない。しかしながら、同じ基本的な基準は満た
していなければならない。つまり、その植林地の生育と収穫量は、植林地の所有者に利益をもたらす
のに十分なものであるか、植林地から市場までの物流的サプライチェーンは、効率的で比較的低コス
トの経営を可能にするものか、ということである。

　場所の選択が違いを生む可能性がある分野というのは、選択した種が生育のために特定の環境条件
を求めるかどうかである。例えば、オーストラリアにおけるユーカリ・グロビュラス（E. globules）
の生育は他の種と比べて生育が比較的ゆっくりであるが、パルプ収率が高く、化学薬品の使用が少な
くて済むなどの特性はパルプ製造に望ましいものであり、オーストラリアにおける低い生育率と高い
コストを相殺することができる。だが目標がバイオマス資源の生産であれば、日本への輸送距離が短
いこと、オーストラリアよりも生育が速いことなどに鑑みて、東南アジアが場所としてより良い選択
かもしれない。

（3）市場価格動向に関する考察

　日本への輸出用バイオマス資源（チップまたはペレット）を生産するために海外の植林地経営の変
更を検討する前に、日本企業は国際市場におけるバイオマス価格の動向を考慮しなければならない。
例えば、ブリティッシュコロンビア（BC）州（カナダ西部）の木質ペレットメーカーは、パナマ運
河を通る長い海上輸送が必要であるにもかかわらず、1990 年代半ばから高品質の木質ペレットをヨ
ーロッパに供給し続けている。これらの BC 州のペレット工場は非常に大規模な製材工場から出る製
材残材を主な原料としており、効率性が高い。しかしアメリカ南部で新たな木質ペレット工場の建設
が急増したことで、BC 州のペレットメーカーは長期的にはヨーロッパ市場を維持できない可能性が
高まった。このため BC 州のペレットメーカーは、アジアに代替となる市場を開発することに高い関
心を持っている。

　ブラジルでも（Suzano の事例）、東南アジアでも、バイオマス専用植林地からペレットを製造しよ
うとすることの問題は、経営コストの 100％ をペレットの最終販売価格で賄わなければならないこと
である。対照的に、副産物を利用したペレットプロジェクトは、収集の限界費用とバイオマスを工場
に運ぶための輸送費を支払うだけでよい。このため、バイオマス専用植林地に基づくプロジェクト
が、副産物を利用したペレットプロジェクトと競合することは、この上なく困難であることが証明さ
れている。

　だが、木質ペレットの場合に該当することは、バイオマスチップについても該当する。基本的に、
日本企業が自社の海外植林地をバイオマス生産に使用することを考える場合は、カナダからの木質ペ
レット販売価格や、日本におけるエンドユーザーがエネルギー生産する場合の最終コストと比較しな
ければならない。ベトナムやマレーシア、インドネシアには、林業副産物や農業副産物からもっと大
規模な木質ペレットの製造を開発できる可能性のある企業が多数あるが、カナダのペレットメーカー
には実績があり、市場価格の設定もわかっているため、日本企業が比較のために用いるべき最適なベ
ンチマークとなる。

83

4 海外植林における
遺伝子組み換え樹木植林可能性調査

1 遺伝子組み換え技術

　遺伝子組み換え技術とは、特定の遺伝子を取り出し、それを別の遺伝子につないで新しい遺伝子の組み合わせをつくる技術である。遺伝子組み換え技術の開発には、①生物種のゲノム塩基配列を解読するためのゲノム構造解析、②遺伝子の発現等ゲノムに書かれた情報の意味を理解するための機能解析、③ある生物種から特定の機能に対応する遺伝子を取り出し、別の生物種の遺伝子の中に導入することによる新しい遺伝子の合成、野外試験等の遺伝子組み換え生物の開発の3段階がある。

　遺伝子組み換えを行う方法としては、①アグロバクテリウムという土壌細菌が自分の遺伝子を他の生物の細胞に導入させる性質を利用したアグロバクテリウム法、②金の微粒子に目的とする遺伝子を付着させて高圧ガスの圧力で他の生物の細胞に打ち込むパーティクルガン法などの手法が既に確立されている。

　遺伝子組み換え技術は、医療、発酵、農業、食品などさまざまな分野で応用されており、ノーベル賞を受賞した山中伸弥博士が開発した iPS 細胞も遺伝子組み換え技術の応用で誕生したものである。特に農業分野においては、除草剤耐性、病害虫耐性、栄養価増大、有害物質減少などの性質を持った多くの遺伝子組み換え作物が開発されている。1996 年に本格的な商業栽培が米国で始まった遺伝子組換え作物は、大豆、トウモロコシ、綿実、ナタネなど農産物の分野で大きく発展している。現在、世界 27 カ国で商業的に栽培されているが、米国、ブラジル、アルゼンチン、インド、カナダ、中国、パラグアイ、南アフリカなどで栽培面積が大きい。2013 年現在で栽培面積は 1 億 7,520 万 ha、主要な遺伝子組み換え作物の世界導入率は、大豆 79%、綿 70%、トウモロコシ 32%、ナタネ 24% などとなっている。

2 遺伝子組み換え生物に関する規制

　遺伝子組み換え生物は、生物多様性に大きな影響を及ぼす可能性があることから、生物多様性条約の締約国会議（COP）においてその規制が議論され、1999 年にスペインのカルタヘナで開催された COP において、「バイオセーフティに関するカルタヘナ議定書（Cartagena Protocol on Biosafety）」が提案され、2000 年にカナダのモントリオールで開催された COP において採択された。2003 年 6 月には締約国が 50 カ国に達したため本議定書は発効した。2003 年 11 月には日本も本議定書を締結した。2013 年現在締約国は 165 カ国及び EU となっている。なお、遺伝子組み換え生物の国境を越える移動に伴う損害発生の責任と救済について規定した「責任と救済に関する名古屋・クアラルンプール補足議定書」が 2010 年に名古屋で開催された COP10 において採択されているが、加盟国は 27

か国＋EUとなっているので未発効である。日本は現在その批准に向けて検討中である。

　カルタヘナ議定書は、生物多様性の保全及びその持続可能な利用に悪影響を及ぼす可能性のあるバイオテクノロジーにより改変された生物（遺伝子組み換え生物を含む）の国境を超える移動、通過、取り扱い及び利用の分野について適用される。その導入にあたっては、事前の情報に基づく合意の手続きが適用されるとともに、輸出入手続き、拡散防止措置、適切な表示、情報交換、違法な移動に対する処罰のための国内措置等が規定されている。

　日本は、本議定書の締結に伴い、その実施のための国内法として「遺伝子組み換え生物等の使用等の規制による生物多様性の確保に関する法律（カルタヘナ法）」を2004年4月に制定した。主務大臣は、環境大臣、財務大臣、文部科学大臣、厚生労働大臣、農林水産大臣、経済産業大臣である。遺伝子組み換え生物の安全性の確保及び表示については、カルタヘナ法以外に、JAS法、食品安全基本法、食品衛生法、飼料安全法、薬事法が関係している。

　カルタヘナ法によると、遺伝子組み換え生物の使用については、①第1種使用等（開放系での使用）＝環境中への拡散を防止しないで行う使用等と②第2種使用等（閉鎖系での使用）＝環境中への拡散を防止しつつ行う使用等のどちらかの措置を講じなければならない。遺伝子組み換え農産物などを栽培しようとする場合は、第1種使用等として、その使用に先立ち、隔離圃場栽培の試験、生物多様性影響評価を行い、使用規定を定めた上で、主務大臣の承認を受けなければならない。工場内で遺伝子組み換え微生物を用いて有用物質生産を行おうとする場合は、第2種使用等として、主務省令で定められた、あるいは主務大臣の確認を受けた拡散防止措置を講じなければならない。（日本で承認された遺伝子組み換え作物は11作物、147品種あるが、商業栽培実績は皆無である。ただ、サントリーが開発した「青いバラ」は日本初の商業栽培遺伝子組み換え生物として、2009年から販売されている。）なお、国の規制に加えて、茨城県、北海道、新潟県などの自治体においては、既存農産物と遺伝子組み換え作物との交雑を防ぎ、ブランド農産品を保護するとともに、住民の環境面での不安に対処するため、独自の条例やガイドラインを定めている。

3　遺伝子組み換え樹木の現状

　樹木のゲノムサイズは草本植物と比較して著しく大きく、ポプラで約4.8億個、ユーカリで約6.5億個、スギで約100億個といわれており、このことが完全なゲノム構造解析を困難にしている。このため、不要な塩基配列を除いたDNAを用いたEST解析等を用いて、有用な遺伝子を単離・活用する傾向が強くなっている。これまでにも、EST解析によりラジアータパイン、ポプラ、ユーカリ、スギなどの樹種について機能解析が進められているが、樹木については、農作物に比べると大きく遅れている。

　このような状況において、米国、EU、中国、カナダなど多くの国でカルタヘナ議定書に基づく遺伝子組み換え樹木の野外試験が行われている。2004年には全世界で157カ所であったものが、2013年には746カ所に拡大している。米国は500カ所、中国は78カ所、ブラジルは65カ所、カナダは45カ所、EUは44カ所などとなっているが、日本は9カ所となっている。日本においては①ポプラ、

ユーカリ、スギのゲノム解析、②高セルロース性ポプラの開発、③耐塩性ユーカリの開発、④花粉形成を抑制したスギの開発（森林総合研究所）などが行われているが、隔離圃場による試験は、①耐塩性ユーカリ：筑波大学と日本製紙（2005年から）、②高セルロース性ポプラ：森林総合研究所と京都大学（2007年から）が行われている。

　このような野外試験の結果に基づいて遺伝子組換え樹木を商業的に植栽する試みは、現在のところ2例しか確認されていない。①米国の International Paper 社や Mead-WestVaco 社が出資している ArborGen 社が耐霜性ユーカリについて米国動植物検疫局に、②ブラジルの Suzano 社の子会社の FuturaGene 社が成長のいいユーカリについてブラジル国家バイオ安全技術委員会に、それぞれ植栽許可の申請を行っている。ArborGen 社が開発している耐霜性ユーカリは、ブラジルのユーカリと同じくらいの成長量があるとともに、マイナス6℃～マイナス8℃の寒さに対しても生存することができる耐寒性を有しており、フロリダ州、アラバマ州南部、ミシシッピィ州、ジョージア州、ルイジアナ州、テキサス州南部でも植林することができるため、製紙用、バイオマス用の資源として大きな期待が寄せられている。一方で、商業的植栽の申請に対して、環境保護団体を中心に強い反発が寄せられており、申請に対するパブリックコメントにおいても多くの反対意見が提出されている。FuturaGene 社の開発した遺伝子組み換えユーカリ H421 は、アグロバクテリウム菌による遺伝子導入方法によりシロイヌナズナのタンパク質形成遺伝子を導入したものであり、収量が約20％向上するとともに、試験地での所見により環境への影響や遺伝子汚染の可能性もないことが証明されたものである。この FuturaGene 社の申請については2015年4月9日にブラジル国家バイオ安全技術委員

遺伝子組み換え樹木の野外試験数

国別	2004 年	2013 年
米国	103	500
中国	9	78
カナダ	7	45
ニュージーランド	3	5
オーストラリア	1	－
ブラジル	2	65
チリ	3	
タイ	0	－
ウルグアイ	2	－
インド	1	－
インドネシア	1	－
イスラエル	1	－
日本	0	9
メキシコ	0	－
南アフリカ	1	－
EU	23	44
計	157	746

注：1. 2004 年については FAO 資料、2013 年については Plant Biotechnology Journal
　　2. －はデータ無し

調査事業報告

会により正式に許可されたところである。これは、世界で初めての遺伝子組み換え樹木の商業的植栽の許可であり、今後の Suzano 社の取り組みが注目される。

なお、日本においては、林野庁が 2007 年 8 月に林業分野における遺伝子組み換え技術の推進を目指して、有識者からなる「森林・林業分野における遺伝子組換え技術に関する研究開発の今後の展開方向についての検討会」を開催し、報告書をまとめたところであるが、その後は政策的には何の進展も見られていない。

4 遺伝子組み換え樹木の評価

樹木に遺伝子組み換え技術を応用することは、高成長、耐寒性、耐乾燥性などの優れた性質を特定して、従来の育種技術よりははるかに短期間に、しかも生物種間を超えて、確実に付与することができるという意味で、製紙原料用のパルプ材資源の供給の増大及び拡大を図る上で極めて有意義である。

また、2003 年に開催された気候変動枠組条約の COP 9 において、①CO_2 の吸収・固定能力が高い、②従来植栽不可能だった地域への植林が可能になるなどの優れた特性を考慮して、CO_2 の吸収源である植林事業に遺伝子組み換え樹木を使用することが条件付きで認められている。

このため、科学者の間や海外の大手製紙企業などの産業界では、遺伝子組換え樹木の開発及び商業的植林を強く支持する声もある。一方で、遺伝子組み換え樹木を使用することについては、生態系への拡散により生物多様性の保全及びその持続可能な利用に悪影響を与えるという恐れがあるため、消費者団体、自然保護団体を中心に根強い反対意見がある。その使用にあたっては、自然環境や人体への悪影響を回避するためにカルタヘナ議定書に基づく国際的な枠組みが整備されているが、完全に安全であるかどうかについては議論が分かれている。

このため、多くの環境保護団体が、予防原則の観点から遺伝子組換え樹木の使用に強く反対している。特に、持続可能な森林経営を推進する FSC、PEFC、SGEC などの森林認証制度においても、遺伝子組み換え樹木を使用することは認められていない。

FSC においては、遺伝子組み換え樹木の使用は無条件で認められていない。すなわち、FSC の原則と基準第 4 版（FSC － STD － 01 － 001　v4 － 0）において明確に「遺伝子組み換え生物の利用は禁止されなければならない」と記述されている。2016 年以降に発行する予定の第 5 版においても同様の考え方が適用されており、さらに「組織は、管理区画内で遺伝子組み換え生物を使用してはならない」と記述されている。また、FSC 指針「GMO に関する FSC の解釈」（FSC － POL － 30 － 602）においても、FSC 認証林内での遺伝子組み換え生物の実験を禁止している。ただし、非認証地域で行う場合に限り認証取得者が遺伝子組み換え生物の実地試験を行うことを認めている。加えて、「組織と FSC との関係に関する指針」（FSC － POL － 01 － 004）においても、「FSC は林業において遺伝子組み換え生物の導入に直接的または間接的に関わることのない組織とのみ関係を構築する」と記述されている。このため、FSC 認証取得者は、遺伝子組み換え生物の研究をすることはできるが、認証管理区画内であろうが外であろうがどのような形であれ商業的な利用は認められていない。

88

今回、ブラジル政府から遺伝子組み換えユーカリの商業的植栽の許可を得た Suzano 社は FSC 認証を取得している企業であることから、もし実際に商業的植栽を開始した場合に FSC がどのような対応をとるかが注目される。

PEFC においても、「遺伝子組み換え木は使用してはならない」とされている。ただし、その注意書きとして、「遺伝子組み換え木の使用に対する規制は、予防原則に則って採用された。遺伝子組み換え木が、人間や動物の健康や環境の上に及ぼす影響が従来の方法による遺伝子改良を受けたものと同等あるいはそれ以上に肯定的なものであるという十分な科学的データが揃うまで、いかなる遺伝子組み換え作物も使用されない。」とされている。日本独自の制度である SGEC においても、「外来種の導入は、生態系へ好ましくない影響が想定されるものは避け、当面遺伝子組み換え樹木は採用しない。」とされている。このようにいずれの森林認証制度においても遺伝子組み換え生物の使用は認められておらず、また、森林認証制度の基準は環境、社会及び経済関係の多くのステークホルダーの合意で決められるため、現時点で認められる可能性は極めて小さいといわざるを得ない。

5 遺伝子組み換え樹木による植林の可能性

日本の製紙企業においては、持続可能な森林経営を推進するために、森林認証の取得を企業の経営方針として積極的に推進している。日本製紙連合会の「生物多様性の保全に関する日本製紙連合会行動指針」の中でも、会員企業は森林認証の積極的な取得に努めることとしている。その森林認証制度において遺伝子組み換え樹木の使用が認められていない現状においては、当面、自社植林地において遺伝子組み換え樹木を使用するという選択は考えにくい。

樹木は農作物に比べてその生育期間が長いため、農作物のように通常の選抜育種技術による品種改良がほぼ限界に達し、遺伝子組み換え技術に頼らざるを得ない状況とは異なり、まだ選抜育種による品種改良の余地が残されているので、当面、既存の育種技術による植栽樹種の品種改良を推進することも現実的な選択肢の1つである。

一方で、遺伝子組み換え樹木については、①収量の増大、植林適地の拡大、CO_2 の吸収・固定など経済面や環境面で大きな便益がある上に、②世界各国で先進的な科学的研究が進められるとともに、③米国やブラジルでは商業的な植林に向けた動きがあることを考慮すると、遺伝子組み換え樹木に関する最新の動向について注視していくことは重要と考えられる。

現在、世界的に遺伝子組み換え樹木の商業栽培が進まない最も大きな理由は、社会的コンセンサスがないことであり、その形成に大きな影響力を有している森林認証の FSC 及び PEFC 並びに国際環境 NGO の WWF の遺伝子組み換え樹木に対する基本的スタンスについて、国際本部の担当者を訪問して調査を行った。

（1）FSC の遺伝子組み換え樹木に対する基本的スタンス

面談：Mr. Kim Carstensen（Director General）

Mr. Stefan Salvador（Quality Assurance Director）

FSC は、1995 年に植林地に関する最初の決議を行ったが、その中で 1994 年以前に既に造成されていた植林地に限り FSC 森林認証の対象とすることが合意された。さらにその後も植林地に関する議論が続けられ、2012 年に開催された FSC 総会において FSC の植林地に関する基本的スタンスとして「FSC と植林地（FSC and Plantations 19/12/2012）」という文書を発表した。

FSC は、「予防原則」に基づき遺伝子組み換え樹木の商業的栽培及びその流通を一切禁止している。遺伝子組み換え樹木に関する試験研究を行うことは何ら問題ではないが、商業的栽培を開始した時点でその企業は、たとえそれが認証森林で実施されたのではなくても、FSC の会員資格がはく奪され、全ての FSC 認証が取り消される。

FSC においては、遺伝子組み換え樹木に関する議論は常にオープンであるが、現時点では、ブラジルの Suzano 社のように FSC も遺伝子組み換え樹木を積極的に認めるべきだと主張するグループもいれば、解明されていない新たなリスクが将来発生する可能性があるので、「予防原則」により遺伝子組み換え樹木は一切認めるべきではないと主張する環境 NGO 等のグループもいて、社会的なコンセンサスも得られていないため、全面禁止の方針を変更する可能性はほとんどない。

FSC においては、遺伝子組み換え樹木に関する方針を改正するためには 3 年に 1 回開催される FSC 総会で合意が得られなければならない。そのためには FSC の「環境」、「社会」及び「経済」のフォーラムの全てで認められなければならない。遺伝子組み換え樹木については、あらゆる議論がオープンであり、FSC 事務局としては、この問題についての議論が FSC 内部で行われるような機会をつくる努力を行っている。

なお、FSC としては、国連の FAO のような機関で遺伝子組み換え樹木に関する国際的なコンセンサスが形成されることが望ましいと考えている。また国際的な環境 NGO である WWF においても、「New Generation Plantations」というフォーラムが、遺伝子組み換え樹木の使用を含む植林地の積極的な活用と持続可能性の確保について、大手の製紙企業も含む多様なステークホルダーの参加を得て議論が進められており、FSC としてもその成果を期待している。

いずれにしても、遺伝子組み換え樹木の商業植林を認めない（たとえ非認証林で商業植林を行ってもその企業の FSC 認証を取り消す）という FSC の基本的スタンスは極めて厳格で、「予防原則」に基づいているうえに、農作物を含め環境 NGO の遺伝子組み換え絶対反対という立場は極めて強固であるため、現時点では FSC が遺伝子組み換え樹木に関する基本方針を変更する可能性は限りなくゼロに近いと言わざるを得ない。

なお、遺伝子組み換え樹木には確かに可能性があるが、それと同時に、遺伝子組み換え樹木は本当に必要なのか、遺伝子組み換え樹木に頼らなくても、生産性を上げる方法は他にはないのかということについても再考してみる必要があると考えている。遺伝子組み換え樹木の開発ばかりを急ぐのではなく、生産性向上に貢献する可能性のある技術なら、クローン技術やその他の通常の生育を促す育種技術などを試してみる価値があると考えている。

（2）PEFC の遺伝子組み換え樹木に対する基本的スタンス

面談：Mr. Ben Gunneberg（CEO & Secretary General）

　世界経済は、人口増加と都市化を伴いながら、今後数十年間に劇的に成長すると予測されており、これにより林産物の需要も増加していくであろう。Indufor の研究によると、工業用丸木の年間需要は、2012 年の 15 億 m³ から 60 億 m³ に増加すると予測されている。

　世界銀行は、天然林だけでこの需要を満たすことはできないと主張している。天然林は大きなリスクにさらされ、社会的及び生態系サービスを長期的に供給していく機能を果たせなくなっていくとされている。一方で、人工植林は、慎重に設計し管理することができれば、天然林に比べて年間 ha 当たりで、より多くの木材を生産することができる。これにより天然林への圧力を軽減し、生態系サービスの提供能力の維持に貢献することができる。また、人工植林事業は、過疎地の雇用創出や持続的な地域経済成長にとって、貴重な機会も提供する。

　PEFC は、認証製品に遺伝的に改変された物質を含むことを認めていないし、遺伝子組み換え樹木に関しては「予防原則」を適用している。遺伝子組み換え樹木が、人間や動物の健康及び環境に及ぼす影響が、伝統的な方法によって遺伝的に改良された樹木と比較しても、同等もしくは、むしろ好影響を与えるということが、十分な科学的データをもって証明されるまでは、PEFC が認証する森林管理には遺伝子組み換え樹木の使用を認めないとしている。

　ただし、この禁止措置は認証森林のみに適用され、森林認証を受けた企業が、非認証森林において遺伝子組み換え樹木を商業植林したとしても、FSC のように会員資格がはく奪されたり、認証森林が取り消されたりすることはない。

　遺伝子組み換え樹木問題は、慎重に取り扱う必要があり、全ての関係者が既存の認定要件や先入観によって不利益を被ることなく、この課題について議論できるような環境をつくることを目指している。そのためにも、CoC（Chain of Custody）認証基準で遺伝子組み換え樹木の使用を 2022 年まで一時停止（モラトリアム）するようにしている。この禁止は、認証木材と管理木材の両方に適用される。

　持続可能な森林管理（FM）認証基準では、遺伝子組み換え樹木の植栽を明確に禁止する一方で、CoC 認証基準ではこのようなモラトリアム期間が設けられていることにより、利害関係者が遺伝子組み換え樹木について、安心してじっくり議論できる機会を提供することに役立つと考えている。

　モラトリアム期間はもともと、現在の標準改訂プロセスと一致して、2016 年 12 月 31 日に終了する予定であった。このように期限を設けることにより、関係者が遺伝子組み換え樹木の問題について議論し、何らかの合意に至ることが求められていた。しかし、遺伝子組み換え樹木の影響に関する十分な科学的データが得られなかったため、モラトリアムは 2022 年 12 月 31 日に延長された。

　もし、次の期限までに、遺伝子組み換え樹木に関する十分な科学的データ、すなわち人間と動物の健康や環境に及ぼす影響が、伝統的な方法によって育種改良されたものと同等か、むしろ良い影響を及ぼすことを証明するデータが提出されれば、次回の標準改訂までの間に利害関係者間で論点を検討する必要があるということになる。

（3）WWF インターナショナルの遺伝子組み換え樹木に関する基本的スタンス

面談：Mr Luís Neves Silva（Manager, Plantations and Landscapes）

　WWF は、これまで主として天然林保全の課題に取り組んできたが、地球環境・資源問題に取り組んでいく上での植林問題の重要性に鑑み、2007 年に New Generation Plantations（NGP）プラットフォームを立ち上げた。このプラットフォームには、政府機関や環境団体に加えて、世界の大手紙パルプ企業が多く参加しており、毎年、会員間の国際会議や現地視察を開催している。

　適切な地域／土地で適切に管理された植林地は、持続的な総合土地利用計画（ランドスケープ・アプローチ）の重要な要素の１つであり、地域の生産性を高めると同時に、劣化した土地の復旧、天然林の保護、社会文化的価値の保全強化に役立つ。植林地造成、天然林復旧、責任ある農業、農作物と家畜、植林等を効果的に統合した生産システムであるモザイクアプローチを導入することによって、森林と森林が提供する環境サービスを増進していくことができる。セクター横断的で、かつ革新的な土地利用区分と計画により、生産効率を最適化すると同時に、限られた土地と水資源への競合を緩和することができる。NGP プラットフォームでは、環境と社会インフラをモザイク的に組み合わせることで、「開発を進めれば進めるほど、持続性が損なわれる」というパラドックスを食い止められる可能性があることを経験的に学んできた。

　ブラジルが過去 30 年間で取り組んできたのは、主にクローン技術による品種改良である。30 年前、ブラジルの植林地の生産性は現在の半分しかなく、今の生産量を達成するために、30 年間、研究開発を重ねてきたことになる。この努力に学ぶことは多く、継承されていくべき経験といえる。これを続けていくことで、10 年、15 年後には、さらに生産性を向上することができると考えられる。

　「Sustainable Intensification（持続可能な集約化）」は、国や地域が経済成長を続けていくために必

NGP プラットフォームの会員リスト

African Plantations for Sustainable Development Ghana（APSD）
China Green Carbon Foundation
CMPC
Fibria Celulose S.A.
Frolestal Arauco S.A.
Governo de Estado do Acre
Kimberly Clark
Mondi
Stra Enso
Suzano
The Navigator Company
UK Forestry Commission
UPM
Veracel Celulose S.A.

要な土地を常に拡張していく必要はないということである。より小さな面積で木材を生産できれば、その分、天然林の復旧が可能になる。

WWFは遺伝子組み換え生物（GMO）に関する公式なポリシーを制定してはいないが、GMOの環境影響については「予防原則」を適用すべきであると強く主張している。これにより、GMOの環境リスクや、その結果起こりうるシナリオで、環境や生物多様性に悪影響が及ばないように最低限の基準を設けることが可能になると信じている。

GMOの利用については国ごとに異なっており、WWFは、「予防原則」に基づき、GMOが環境、経済、社会に及ぼしうる影響については、透明性のある手法でモニタリングしていくことを呼びかけている。WWFは各国政府や当局が、それぞれの国でGMO使用を許可する場合には、ケースバイケース（品種ごとに）で、厳格なリスク評価を実施するように要請している。GMOの影響については、他の（在来）品種の影響とも比較しつつ、継続的なモニタリングを行うことが重要である。

遺伝子組み換え樹木の広域導入にあたっては、閉鎖環境での野外試験栽培を実施した後、バイオセーフティ基準をクリアしたことを前提に、各国当局が個別に判断を行っている。アメリカでは、ArborGen社が冷害耐性のある遺伝子組み換えユーカリの商業利用許可申請を行っている。2014年はじめには、Suzano社の子会社であるFuturaGene社が、8年間にわたる野外試験を経て、ブラジルのバイオセーフティ技術委員会（National Technical Biosafety Commission）に、高収量の遺伝子組み換えユーカリ開発の申請を行い、2016年に商業植林の開発許可を得ている。

しかし、法的な基準を満たしたとしても、「ソーシャルライセンス」（社会の理解）を得られるかどうかは別の問題である。遺伝子組み換え樹木の研究については、森林認証機関から容認されているが、商業利用に関しては、近い将来において認められることは困難な状況である。Suzano社のケースのように、遺伝子組み換え樹木の商業植林は未だ実施されていない。

WWFの考え方は、FSCの設立母体でもあり、「予防原則」に基づいている。「持続可能な集約化」は地球規模の環境・資源問題に対処していく上でのキーワードであり、遺伝子組み換え樹木は、その中の技術的オプションの1つであるという現実的な理解をしている。WWFの基本理念は天然林保全であるので、より小さな面積で木材を生産できれば、その分、天然林の復旧が可能になると考えている。

（4）今後の課題

FSC、PEFC、WWFともに「予防原則」に基づいているが、「予防原則」はリスクがほぼゼロにならないと認めないという極めて厳格な原則であり、よほど詳細かつ決定的な科学的データを示さないと受け入れてもらえない。PEFC事務局による、「遺伝子組み換え樹木に関する十分な科学的データ、すなわち人間と動物の健康や環境に及ぼす影響が、伝統的な方法によって育種改良されたものと同等か、むしろ良い影響を及ぼすことを証明するデータが提出されれば」という条件は極めてハードルが高いと言わざるを得ない。FSC、PEFC、WWFともに、現時点では遺伝子組み換え樹木以外の手法で生産性を上げるのが現実的であるとしているが、従来の育種の方法はほぼ限界に達しているからこそ、遺伝子組み換えに関する研究が現在世界各地で盛んに行われている実情を理解する必要がある。

調査事業報告

　WWFのシルバ氏は、遺伝子組み換え樹木は、地球規模の環境・資源問題に対処していく上で「持続可能な集約化」を実現してゆくための技術的オプションの1つと理解しているが、実際のところ遺伝子組み換え樹木を巡る社会的な状況はかなり厳しいものであると認識せざるを得ない。すなわち、法的な基準を満たしたとしても、「ソーシャルライセンス」（社会の理解）を得られるかどうかは別の問題である。遺伝子組み換え樹木の研究については、森林認証機関から容認されているが、商業利用に関しては、近い将来において認められることは困難な状況であるとしている。

　遺伝子組み換えは既に確立された技術であり、地球温暖化対策に有効な技術が確立されていない中で、効率的にCO_2を吸収できるのは樹木であることから、遺伝子組み換え技術はこの能力を確実に高めることができる。WWFが提唱する「持続可能な集約化」を実現するための核心的な技術ともなりうるのであり、「予防原則」による遺伝子組み換え樹木使用禁止が、将来の地球環境にとって負の影響を生み出すおそれがあるとも考えられる。

　いずれにしても、FSC、PEFC等の森林認証制度において、遺伝子組み換え樹木の研究は認められてはいるものの、現時点では商業的植栽が認められる見通しがないことから、当面は既存の育種技術により植林地の成長量の増大を図ることが現実的な対応である。一方で、ブラジル、米国、中国等において遺伝子組み換え樹木の研究が精力的に行われているため、遺伝子組み換え樹木の研究には引き続き積極的に取り組む必要があろう。また、将来的に遺伝子組み換え樹木による商業的植栽を実現するためには、「ソーシャルライセンス」（社会の理解）を得ることが最も重要である。そのためには、FSC、PEFCあるいはWWFにおいて遺伝子組み換え樹木の商業栽培に関するコンセンサスを得る前提として、FAO等の国連機関など国際的なフォーラムにおいて政府間の合意を得ることが効果的である。

5 海外植林における
ナショナルリスクアセスメント手法の開発

1 世界の違法伐採の現状

　近年の世界銀行の報告書中の「世界中で、2秒ごとに、サッカー場と同じ面積の森林が違法に伐採されている」という表現にある通り、違法伐採は非常に深刻な問題である。森林は生物多様性の保全において重要な生態系であり、特に熱帯林には陸上の生物種の約半分、あるいはそれ以上が存在するとも言われている。しかしその熱帯林は急速に消失しており、600万平方マイルあった熱帯雨林は現在240万平方マイルになっているとも言われる。

　違法伐採の規模については、近年数多くの報告書が出されているが、例えば、国連食糧農業機関（FAO）のデータに基づく森林が最も豊富な国10カ国中5カ国において、今世紀の初めに伐採された木の少なくとも半分は違法に伐採されたという推定がある。さらに、2004年には世界市場で取引された熱帯材、用材、合板の半分が違法なものに由来するという。違法伐採は2000年以降より減速しているともされたが、違法な農地への転換に由来するものを含めると増えているとする報告書も出ている。また、違法木材が合法木材の市場に与える影響についても、違法伐採木材が世界の木材価格を最大で16%も抑制しているという指摘が存在している。違法伐採には国際的に定められた定義がなく、狭義には原産国政府の発行する伐採許可証を伴わない、あるいはそれに違反した伐採と解釈されているが、より広範囲には、伐採、輸送、加工、国際貿易を含む取引、さらには丸太や加工品への課税やその他の費用の不払いまでが対象とされる。多くの報告書で採用されている定義は、後者の解釈に近いものが多く、欧米やオーストラリアで実施されている違法木材規制法についても同様である。

　さらに近年は、農地への転換における違法リスクの高いプロセスに由来する違法木材が、より注目を集めるようになってきている。最近の報告によれば2000年から2012年の間、森林転換の少なくとも75%が「違法」であったとされている。大きく影響を受けている国としてブラジル、インドネシアが挙げられているが、世界各地で起こっているこうした転換のほとんどは、アブラヤシを含む農地や植林地への転換であり、熱帯地域における紙パルプ用の植林も要因の1つとして注目されている。植林と製紙業に関連した情報としては、全般に、2000年以降は紙セクターの違法性は高まっているという推定がある。ただし、2013年には、ベトナムが圧倒的に多く違法リスクの高い紙製品を輸入しており、韓国とインドがそれに続いている。これらの国では紙製品の輸入が増加している。中国の紙製品輸入は近年やや減少している。植林由来の紙製品においてその他特筆すべき点としては、世界的に見て紙製品が違法性リスクの高い輸入品に占める割合を増やしていることである。この背景にあるのは、森林の植林地への違法な転換の問題である。

2　世界の違法伐採対策の現状

　原産国における森林法の取り締まりの脆弱さは広く指摘されており、森林資源の豊富な国4カ国（ブラジル、メキシコ、インドネシア、フィリピン）を対象とした調査では、違法伐採が犯罪として取り締まられる割合は0.1％にも満たないと推定されている（0.082％）。

　多くの原産国では森林管理に関連する法律は比較的整備されていても、実際の実施や法の取り締まりに問題があることは、1990年代から指摘されてきた。いわゆる、違法伐採問題は汚職やガバナンスの問題であるとする考え方である。

　具体的な先進国による違法伐採対策の取り組みとしては、1998年のバーミンガムサミットでの「G8森林行動プログラム」（持続可能な森林管理のためにG8諸国が取り組むべき課題をとりまとめた行動計画で、違法伐採問題は特定された5分野のうちの1つ）、2005年のグレンイーグルスサミットのG8環境・開発大臣会合で合意された「政府調達や貿易規制、木材生産国支援などの具体的行動への取組」などが挙げられる。

　G8の場での違法伐採問題の国際的な認識に伴い、イギリス、オランダ、デンマークなど、ヨーロッパの政府で公共調達方針を作成するところが出てきた（米国は州による）。日本でもこの動きに伴い、2006年にグリーン購入法の基本方針が改訂され、政府調達においては林野庁が発行したガイドラインに基づく木材製品の合法性証明が法的義務となった。

　森林管理に関する国際条約はなく、唯一正式なツールとしては、国際熱帯木材協定（International Tropical Timber Agreement：ITTA）がある。この協定は、開発途上国の貿易上重要な18品目の貿易上の安定を図ることで持続可能な熱帯林管理を目指したものであり、木材の合法性の定義に関して正式な国際合意は存在していない。

3　違法伐採の定義

　前述のように森林管理の国際条約が存在しないことから、違法伐採の定義は多種多様である。ただし、「持続可能な森林管理」に関しては緩やかな国際合意は存在している。1992年のリオ・サミットでは、気候変動条約、生物多様性条約とともに採択を期待された森林に関する条約は途上国の反対で採択に至らなかった。ただその際、法的拘束力はないものの、「森林原則声明」が採択され、これは現在の持続可能な森林管理に関する概念の基盤となっている。さらに、同時に採択されたアジェンダ21の第11章「森林減少対策」には、全ての森林の多様な役割と機能の維持や、持続可能な森林経営・保全の強化などが掲げられ、1992年以降は持続可能な森林管理は国際的課題となっている。

　違法伐採の定義については、以下、世界銀行の報告書にある記述を紹介する：違法伐採は、一方では、義務となっている政府の許可証のない伐採や、許可証に違反した伐採に関する「比較的狭い範囲の行為」を表すのに使われる。また他方では、伐採、輸送、加工、貿易やその他取引や、丸太や加工品に課される税や各種料金の不払いに関するに法規制への違反を含んでおり、こちらでは「より広範囲に」違法伐採という言葉が使われている。

前述の報告書では、実際の違反については、以下の３つのカテゴリーに分けられるとしている：
①違法な製品、②違法な場所、③違法な行為、である：

①伐採を禁止されている樹種や規定される大きさに満たない木に由来する、または製品の価格に関連する規制（丸太の輸出禁止など）に違反する製品。

②代表的には国立公園などの伐採禁止区域、または適切な伐採許可証の対象外の区域、伐採区域内でも伐採を禁止されている場所（急斜面や河川沿）。

③代表的には伐採権の保有者の行為を対象とした法規制に準拠していない行為を指す（森林管理計画の不提出、社会・環境影響評価を行っていない、伐採後の植林を行っていない、など）。また許可証のない丸太の輸送もこれに含まれる場合もある。

4　デューディリジェンス

現在、米国、EU、オーストラリアにおいては違法木材の輸入を禁止する法律が施行されている。この３つの法律に共通しているのは「デューディリジェンス（DD）」（EU、オーストラリア）または「デューケア」（米国）と呼ばれるプロセスを基礎に置いていることである。どちらも「相当の注意」などと一般的に訳される類似の概念である。

例えばEU木材規制のもと、DDは情報へのアクセス、リスクアセスメント、リスク緩和の３つのプロセスを指しており、監査と同じ意味合いを持つが、法律辞典では、「法的な要求事項を満たすまたは法的な義務を免れることを求める人が払うことが合理的に期待される注意、またはそのような人が通常払う注意」と定義されている。もともと、DDという概念は英米のネグリジェンス（過失）責任における基準を表したものである。ネグリジェンス責任は、注意を払う義務を有しながらその不履行によって他人に損害を与えた場合には、その損害を賠償する責任があるとする考えであり、DDはその注意の基準となる。

さらに、DDはビジネス分野でも古くから使用されてきた概念であり、米国証券取引法やM&Aなどにおける判断基準とされている。証券取引においては証券の発行に必要な登録届出書に重要な事実が開示されていない場合、証券発行者には損害賠償の義務があり、引受人には事実確認に関するDDの抗弁が与えられるという仕組みである。この場合、DDは義務ではない。M&Aの場合には、買主による買収対象の企業に対する調査、検討、評価を行う手続きを指しており、この場合も義務として規定されているわけではない。この他代表的なものとして、「環境汚染に対する措置、補償および責任に関する1980年総合法」（スーパーファンド法）の2002年の改定による土地所有者が土地の浄化に責任を負わないための事前の調査としてのDDが挙げられる。

さらに、近年の兆候としてサプライチェーンにおけるCSR（企業の社会的責任）が世界的に重要視されるようになってきている。特に注目すべき流れとして、2000年の国連グローバルコンパクトの設立、2008年の国連ラギーレポート「人権の保護、尊重、救済のフレームワーク」、OECD多国籍企業行動指針（2011年改正）、2010年のISO 26000「組織の社会的責任に関する指針」（2010年）が挙げられる。これらは人権などの社会項目や炭素削減や生物多様性などの環境項目、あるいはその両

調査事業報告

方を対象とした DD を企業やその他の組織に求めている。

特に国連ラギーレポートから派生したラギー原則は、企業のサービスや製品がもたらす人権侵害の防止・解決を企業の責任として定め（原則 13）、そのための DD 手続きを定めるよう規定している（原則 15（b））。さらに人権 DD のプロセスを具体的に特定もしている（原則 17 - 21）。このラギー原則は、現在日本でも多くの企業が参考にしている ISO 26000 の基盤となっている。

また ISO 26000 の基本的な考え方の 1 つでもある、サプライチェーンを通じた加工国、原産国の環境や社会への先進国企業による影響は、ますます注目されるようになってきている。その 1 つの例が違法木材禁止政策であるが、その他にも例えば米国では 2010 年の「ウォール街改革および消費者保護に関する法律」（ドッド・フランク法）によって、コンゴ民主共和国および周辺国から来る鉱物を使用する企業には米証券取引委員会に報告が義務付けられている。この規制の目的は、コンゴ民主共和国の武装集団にとって資金源となりうる「紛争鉱物」のサプライチェーンからの排除であり、企業には紛争鉱物の起源と加工・流通過程の確定のため、「国内的または国際的に認められた」DD が義務付けられている。国際的ツールとしては、OECD の発行した「紛争地域および高リスク地域からの鉱物の責任あるサプライチェーンのためのデューディリジェンス・ガイダンス」などがある。

木材のサプライチェーン管理における DD プロセスは、①「情報へのアクセス」確保、②リスクアセスメント、③リスク緩和措置（リスクミティゲーション）の 3 つのプロセスすべてを含む。①では、樹種、原産国、伐採地、サプライヤーなど、基本情報にアクセスできるようにしておくことが求められ、②では、それぞれの情報を合法性の基準に照らし違法性のリスクを評価する。このリスクアセスメントの基準となるのが欧米の場合ではレイシー法を始めとする違法伐採規制であるが、実際にはこれらの規制で特定される、それぞれの原産国における「適用法」と呼ばれる各規制への準拠を確かめることになる。この時点でリスクアセスメントの結果が「無視できる」程度であると判断できない場合には、さらに必要な情報を収集し、リスクを「無視できる」程度にまで持っていく③のリスク緩和措置を取る。実際にはリスク緩和措置の作業は、文書や情報の収集であり、サプライヤーとの協働作業、現地視察など、様々な手段が含まれる。

5　先進国の違法伐採対策

（1）EU の違法伐採対策

欧州連合（EU）（加盟国 28 か国）における木材のサプライチェーン管理の全体像であるが、EU レベルでは FLEGT 行動計画（「森林法施行、ガバナンス、貿易に関する EU 行動計画（EU　Forest Law Enforcement, Governance and Trade：EU FLEGT)」）が策定される 2003 年までは、主に各国政府の公共調達と、民間における自主的なサプライチェーン管理を通して行われてきた。中でも、オランダ（1997 年）、英国（2000 年）、デンマーク（2001 年）はいち早く公共調達方針を導入した国である。

FLEGT 行動計画は、違法伐採問題の根底にあるとされる途上国における法整備の欠如、ガバナンスや汚職、取り締まり、その他のキャパシティ不足、貧困や土地の権利など、広範囲の社会的・経済

的問題を視野に入れたものである。FLEGT 行動計画は、具体的には、この計画のもと、ステークホルダー参加を通した EU にとって信頼できる合法性証明システムの構築や、取締機関のキャパシティ向上を実現させることで、原産国を支援するという仕組みである。

FLEGT 行動計画の基盤となっているのが VPA（Voluntary Partnership Agreement）と呼ばれる自主的な二国間協定である。EU との間に VPA を締結する原産国は、ライセンス制度のもと、輸出木材の合法性を証明し、その木材をライセンス材として EU に輸出することができる。このライセンス制度は、第三者による独立モニタリングを含む、信頼できる「合法性確認制度（Legality Assurance System：LAS）」に基づいていなければならない。

VPA は現在、署名に至っている国が 6 カ国あるものの、ライセンス材はまだどの国からも市場に出て来ていない。さらに、交渉中が 8 カ国あり、マレーシアのように交渉から何年も経過している国もある。ライセンス材を出すまでのプロセス自体の複雑さに加え、国内政情などの別の理由での遅れ、または EU との合意に向けての国内コンセンサスを得ることが難しいなど、理由は様々である。

VPA 交渉の進捗状況

国名	VPA 交渉進捗状況
コンゴ共和国	2010 年 5 月署名
ガーナ	2009 年 11 月署名
カメルーン	2010 年 10 月署名
中央アフリカ	2011 年 11 月署名
リベリア	2011 年 7 月署名
インドネシア	2013 年 9 月署名
コートジボワール	2013 年 2 月より交渉中
コンゴ DRC	2010 年 10 月より交渉中
ガボン	2010 年 9 月より交渉中
ガイアナ	2012 年 12 月より交渉中
ホンジュラス	2013 年 1 月より交渉中
ラオス	2012 年 4 より交渉中
マレーシア	2007 年 1 月より交渉中
タイ	2013 年 9 月より交渉中
ベトナム	2010 年 11 月より交渉中

EFI ウェブサイトより

EU 木材規制はこの VPA を基盤とする FLEGT 行動計画に法的基盤を与えるものであるため、VPA の詳細を記した EU の文書には、具体的に EU がどのような合法性を想定しているかが示されている。「EU 木材規制」（Regulation（EU）No 995 ／ 2010）は、2010 年 12 月に発効後、2013 年 3 月以降、28 カ国の加盟国全てにおいて適用されている。これは前述の通り、FLEGT のもとの VPA プロセスに法的根拠を与えるために導入された法律である。EU 木材規制は EU 加盟国 28 か国すべてに適用されることから、米国で成立している改訂レイシー法と併せて、木材のサプライチェーンや市場に一定の影響を与えていると言われている。同法は、貿易に携わる者に木材の合法性を確かめる

調査事業報告

ための「デューディリジェンス」義務を課すことから、「デューディリジェンス法案」という名で2008年に欧州委員会により提案された。その後、欧州議会の審議を経て2010年10月に欧州理事会を通過している。

EU 木材規制
概要

EU木材規制の大まかな仕組としては、①まずは違法木材をEU市場に導入することを禁止すること、②違法材がEU市場に入らないよう輸入者にはDDを義務付けていること、さらに③事業者全体にサプライチェーン管理のためにトレーサビリティー確保を義務付けていること、の3つが挙げられる。

EU木材規制の基盤はやはりDDであり、違法木材の輸入者には加盟国政府の決めた各罰則が課されることになっているが、DDの実施の有無が罰則の程度を決定する鍵となっている。このためEUは後述のようにDDに関するガイダンスを出している。ただし実際のDDの実施に関しては、輸入業者によるDD制度は、EUに登録をした独立した監督団体により監視されることになっているが、これらの団体はDDのためのツールも用意している。加盟国政府はDDがきちんと行われているかどうかを検査する権限を持っており、押収、没収の他、懲役や罰金などの罰則を個々に設けることになっている。

デューディリジェンス（DD）

違法伐採木材の禁止と並ぶEU木材規制の最も重要な要素と言える。DDは、既に述べたように監査と考えるとわかりやすいが、EU域内に導入しようとしている木材が、「適用法」（第2条（h））と呼ばれる原産国などの関連法に照らし合わせて違法であるリスクを評価し、リスクがある場合には（「無視できないリスク」の場合。後述）その緩和措置をとる、という仕組みを指す。

EU法本文では、DDを①情報へのアクセス、②リスクアセスメント、③リスク緩和措置という3つのステップとして第6条に規定している。EU域内に木材製品を導入する事業者には、DDの制度（DDS）を有し、それをきちんと実行することが求められている。DDの実施は法的義務であり、これを怠った場合には各加盟国政府によって罰則が課されるが、逆にきちんと行っていれば過失があった場合には考慮要素となり得るという仕組みである。

また、日本の事業者が気をつけたい点として、日本の合法性証明制度のように合法性証明文書の収集というのは全体のうちの1つの要素でしかなく、文書を揃えただけではDDを行ったことにはならない点が挙げられる。

EU法のもとでは合法性証明文書はDDの一部に過ぎないということは、非常に重要なポイントである。例えばガイダンス文書では、「（適用法への準拠を示す）文書を集めることはリスクアセスメントを目的として行われなければならず、それ自体が義務と見なされるべきではない」と説明している。言い換えれば、合法性を証明する文書が揃っていたとしても、適用法への準拠についてその他のリスクアセスメントを行っていなかった場合、DDの義務を果たしたことにはならない。

EU木材規制の特徴としては、「木材伐採により影響を受ける、利用および所有権に関する第三者

の法的権利」を適用法に含めていることである。原産国の多くは途上国であり、土地利用や土地の所有権についての法整備が整っておらず、先住民族を含め現地住民と伐採会社や政府との間に議論や紛争が存在する地域が多くある。この項目はEUの違法伐採対策が、森林問題を単なる環境問題ではなく社会問題であり人権問題としても捉えていることを表している。

　また、EU法では文書の確保はDDの一部でしかないとしながらも、ガイダンス文書において合法性証明文書はどのようなものがあるのか、具体的な例を示し実用的なアプローチをとっている。

監督団体

　EU木材規制では、登録監督団体を活用してDDの実施を推進している。監督団体は、事業者と利害関係のない独立した第三者でなければならず、その他EU木材規制に定められる基準を満たし正式に登録する民間企業や団体に限定されている。監督団体は事業者がDDを行うにあたり、DDSツールの提供などによりそれをサポートするが、最終的な法的責任はあくまで事業者にある。

　2015年3月時点、DDの監督団体として登録しているのは、以下の民間企業および団体である：NEPCon（独立団体、EU全域で認定）、Conlegno（独立団体、イタリアで認定）、Control Union（認証会社、EU全域で認定）、Bureau Veritas（コンサルティング会社、EU全域で認定）。

　このうち、非営利団体のNEPConは、後述のDDSツールをウェブサイト上で公開している。このツールは、EU木材規制だけでなく、米国レイシー法、オーストラリア違法伐採禁止法への対応にも利用できるものとして紹介されている。EU木材規制は「指令（Directive）」ではなく「規則（Regulation）」であるため加盟国に直接適用されるが、罰則などに関しては加盟国が独自に規則を設けることになっている。しかし、施行の「準備ができている」とされたのは英国とデンマークのみというNGOからの指摘が出ていた。

（2）米国の違法伐採対策

米国レイシー法

背景

　米国は、EUに先駆けて違法木材の輸入を禁止した、世界で最初に規制を導入した国である。レイシー法という野生生物の取引を規制する100年前の古い法律を2008年に改訂することで、違法伐採禁止を成立させた。この背景には、環境NGOの働きかけとともに、米国国内産業界からの強い後押しがあった。全米林産物製紙協会が行った調査では，違法木材製品との競合が原因で木材製品の価格は7〜16％も低くなっているという報告があり、安い外材を国内市場から排除したい目的もあって成立している。

概要

　改訂レイシー法は，基本的にはEU木材規制と同じく違法木材を米国市場に入れないための規制である。ただし、対象製品の範囲や仕組み自体はEU木材規制と似ているが、実施におけるそのアプローチは少し違っている。

　第1の違いとして挙げられるのは、レイシー法では、輸入者には輸入申告の義務が課されており、これがレイシー法の仕組みの1つの中心基盤として考えられているということである。虚偽の申告も

レイシー法違反の対象となる。木材製品を輸入する輸入者は、輸入製品が申告義務の対象範囲に入っていればすべてこの申告を行わなくてはならない。その際に基本情報を調べることから、申告義務自体がサプライチェーンの透明性を高める効果があると考えられている。

木材製品の輸入申告の際に記入する情報には、植物の学名、原産国、数量や重量（kg、m^{3}など）、金額、再生材の割合などがある。これは2008年12月からは輸入者が自主的に実施、2009年4月からは義務として実施されている。米国政府は輸入申告義務の対象範囲を2008年から2010年にかけて徐々に広げていくという段階的アプローチをとっている。当初は告知から始まり、無垢材などわかりやすい製品をまず対象範囲とし徐々に複雑な製品が範囲に含まれるようになっており、家具や楽器、再生材を含む製品など複雑なものも対象範囲内である。

特徴

レイシー法とEU法の第2の大きな違いとして挙げられるのは、DDが法的義務とはなっていない点である。ただし、違反が発覚した場合、レイシー法のもとでは「デューケア」と呼ばれているDDのプロセスを実施していれば、罰則を判断する際の考慮事項となり得る。つまり、米国の場合は法の実施は当局の摘発に依存するシステムとなっており、この点については取り締まりに必要な予算が確保されるか否かが重要なポイントとなる。現在のところ、レイシー法のもとで行われた取り締まり例は3件と少ない。ただし、重要な点として挙げられているのは、前述の通り、輸入申告義務によりサプライチェーンの透明性は全体的にボトムアップされているという認識は存在しているが、過去のケースを見ると実際の取り締まりは違法木材の輸入に重点が置かれていることがわかる。

レイシー法の実効性

特に最終製品に含まれる樹種の判断の難しさなどから、レイシー法に対しては実効性を疑問視される声は当初からあった。違反者には、物品の没収、罰金、懲役刑などが課される。個人に対しては25万米ドル、企業に対しては50万米ドルの罰金、及び／または5年以下の懲役が課される。過失の場合、個人が10万米ドル、企業が20万米ドル以下の罰金、及び／または1年以下の懲役となっている。

摘発事例：ギブソン社

現在まで、レイシー法のもとの摘発は3件にとどまっているが、そのうちさまざまな意味で最も影響力のあったケースがギブソン社である。2009年11月、世界的に有名な米国のギターメーカーである同社がレイシー法のもとで捜査の対象となり、マダガスカル産の黒檀が押収された。続いて2011年に同じく同社が購入したインド産のローズウッドが押収された。

ギブソン社の件は最終的には2012年に犯罪取締協定が結ばれ、同社はデューケアを怠っていたことを認めている。ギブソン社はFSCのCoC認証を取得しており、CoC認証を取得するサプライヤーであったことをデューケアを怠った理由の1つとして挙げている。この協定の結果、黒檀は没収され30万ドルの罰金が課されている（さらに自然保護基金とするための5万ドルが徴収された）。さらに、デューケアを実施するための7つのステップの確立・実施が命じられている。

（3）オーストラリアの違法伐採対策

オーストラリア違法伐採禁止法

オーストラリア違法伐採禁止法（The Australian Illegal Logging Prohibition Act 2012）は、2012年に発効した、オーストラリア市場から違法木材を排除する法律である。この法律では、オーストラリア政府が今回の規制に関して「要素1」と呼んでいる違法木材の輸入は2012年11月に正式に違法となった。オーストラリアは段階的に違法木材規制を導入しており、「要素2」とされた輸入者のDD義務は、上記の法律の実施法である違法伐採禁止改訂規制（Illegal Logging Prohibition Amendment Regulation）のもと、2年後の2014年11月に法規制の対象となっている。

概要

オーストラリア違法伐採禁止法では、輸入業者とともに、オーストラリア産の木材の加工業者にもDDを実行する義務が課されている。輸入業者は輸入時にDDを実行したことを証明する申告を行わなければならない。DDの実施については後述する。罰則は、故意、過失にかかわらず、5年以下の懲役と、個人の場合8万5,000ドル以下、法人の場合42万5,000ドル以下の罰金となっている。また過失の場合でも違法材は没収される。

対象製品のリストは違法伐採禁止改訂規制に記載されている。EU法、レイシー法と同じく広範囲の製品が対象となっており、紙の場合には印刷物が適用外とされるEUと対照的に、再生紙以外すべて対象とされている。除外されるものとしては、再生材（再生紙含む）、再生材を含む製品の一部（再生紙の場合、再生材を使用しない部分にはDDが必要）、輸入製品の一部が木材製品である場合、その木材製品の価格が1,000豪ドル以下の場合、製品の梱包材、となっている。

デューディリジェンス（DD）

ILPA2012では、輸入者と加工者に対し、DDに関してそれぞれガイドが出されている。輸入者のDDガイドに基づき、オーストラリア政府の求めるDDについて以下簡単に紹介する。

まず、オーストラリアの場合、DDのプロセスは、以下の4段階を踏むことになっている：①情報収集、②木材合法性枠組み（Timber Legality Framework）または国別ガイドライン（Country Specific Guidelines）の使用（オプション）、③リスクアセスメント、④リスク緩和、である。EU法との違いは、②が特に段階として設けられていることであるが、木材合法性枠組みについてはEUのVPAのもとのライセンス材と第三者認証制度を指している。

この段階はオプションで選択することができる段階であり、ここで事業者は「木材合法性枠組み」と呼ばれる、事前に政府が検証した制度あるいは政府の出した「国別ガイドライン」の使用を選択できる。この選択をした場合、枠組みあるいはガイドラインと照らし合わせた結果、自らの輸入する製品の違法性が低いと結論づけられる場合には、この段階でDDのプロセスを終了してよいことになっている。

木材合法性枠組みは、他の制度とともに以下の制度をDDの「枠組み」として承認している（制度そのものを自動的に合法性証明制度としているわけではない。よって、この制度のもと、リスクアセスメント・ミティゲーションは自己の責任において行わなければならない）。現在枠組みとして認められている制度は、FSC FM認証及びCoC認証、PEFC FM認証及びCoC認証、EU FLEGT のも

とのライセンス制度である。FSC と PEFC の CoC 認証については 2014 年に追加で認められた。

　もう 1 つの枠組み、国別ガイドラインは、作成された順に農務省の HP に記載される。現在、カナダ、フィンランド、イタリア、インドネシア、マレーシア、ニュージーランド、ソロモン諸島のガイドラインが完成している。ガイドラインには、各国の関連法規制と合法性証明制度の仕組みなどの基礎的情報が記載されている。

　リスクアセスメントは、②の段階を踏まなかった場合、あるいは踏んだ場合でも違法である可能性が低いと結論づけられなかった場合には行わなくてはならない。その際に検討する要素としては、ア）木材の収穫された地域における違法伐採の頻度、イ）製品の派生している樹種の違法伐採の頻度、ウ）木材の収穫された地域における武装勢力を伴う紛争の頻度、エ）製品の複雑さ、オ）その他、輸入者の持つ情報、または相当に持っているべき情報、などである。

　③の後、木材が違法伐採されたリスクがあり、そのリスクが低くない場合、規制に従いリスク緩和を行わなければならない。リスク緩和は、EU や米国と同様、③の後リスクが低いと判断された場合は必要ない。リスク緩和の方法は特に指定されておらず、規制では輸入者が評価するリスクレベルに「十分」かつ「比例した」緩和措置をとるように義務づけているのみである。例として、輸出者に製品の合法性についての付加的証拠の提出を求めるということが挙げられている。

6　原産国の違法伐採対策

　現状の世界的な動きを見ていくと、EU の FLEGT ライセンス材は広く合法材として受け入れられると予測される。現在、ライセンス材の取り組みが最も進んでいるのはインドネシアであるため、ここではインドネシアの制度を紹介する。

（1）背景
　前述の通り 2003 年に策定された EU FLEGT 行動計画のもと、EU はインドネシアと VPA を結ぶ交渉を 2007 年 3 月から始めている。EU－インドネシア間の交渉は、マレーシアと並んでいち早く始められたが、マレーシアはまだ交渉中である。

　もともと、インドネシア国内では 2001 年の東アジア FLEG 以降、イギリスや EU を含む様々なドナーによる支援策が導入され、さらには政府、産業界、認証機関、市民社会など幅広いステークホルダーによって、木材合法性基準に関して集中的な議論が展開されてきたことが背景にある。

　以後、包括的に見直された木材合法性基準、及び伐採権保有事業者を対象に管理水準の向上のために実施していた事業者審査は総合的に再構築された。その成果物が、EU FLEGT VPA における木材合法性保証システム（Timber Legality Assurance System ／ *Sistem Verifikasi Legalitas Kayu*）である。通称 SVLK と呼ばれるこのシステムは 2009 年に林業大臣令によって法制化され、これが EU との VPA における合法性証明制度となった。ただし、課題は多く残っており、ライセンス材の出荷にはまだ至らない状態である。

（2）木材合法性保証システム（SVLK）

木材合法性保証システム（TLAS / SVLK）の設立により、マルチステークホルダーによるコンサルテーションを経て確立した合法性の定義に基づき、合法性証明済みの木材にライセンスを発行することのできるシステムは整った。これによりインドネシアの輸出業者はSVLKのもと、「V-legal license」を申請し、ライセンスの発行をしてもらうことができる。SVLKの内容であるが、もともと存在していたが局所的にしか実施されていなかった認定・認証制度や監査を、一括りの大きな国家認証制度として再構築したものである。再構築の際には、新たに強化した機能等も加えられている。新たなシステムは、従来のシステムにオンライントラッキングシステムが含まれ、さらに各関連機関による監査と認証を強化したものである。

新たなシステムの対象となるのは、1）国有林内事業権保有者（いわゆるコンセッション保有者）、2）国有林内管理権保有コミュニティ、3）私有林／地、4）用途転換許可林、5）小規模林業事業者（組合等）、6）個人事業主、7）丸太輸送業、8）1次・2次木材産業で、1）にのみ、合法性検証に加え、持続可能性検証の義務が課されている。

7　欧米規制と第三者認証制度

欧米の規制法では、第三者認証制度は、それ自体がDDの義務を満たすものとはみなされないが、DDの一部として利用することができる。

（1）FSC

FSCは、欧米規制に合わせて2011年6月「管理木材制度の強化」動議51を採択し、FSC認証材と混ぜてもよい非認証材である「管理木材」の基準を欧米の各規制と整合性を持つものに強化し、「ナショナルリスクアセスメント（国別評価）」を導入することとなった。これは実際にはリスク評価を実施する主体が、2014年末までに認証取得者から各国のFSCナショナルオフィスに変わったことを意味している。その結果、それまで認証取得者によって実施されていたリスク評価の結果は全て無効となり、FSCインターナショナルによる国別評価が使用されることとなった。

（2）違法伐採リスクの評価：FSC ナショナルリスクアセスメントと「グローバルフォレストレジストリ」

FSCのナショナルリスクアセスメントは、木材のナショナルリスクに関するデータベースである、「グローバルフォレストレジストリ」がその基盤となる。これはFSCの他、認証団体のRainforest Alliance、そして前述のEU木材規制の監督団体であるNEPConの共同プロジェクトである。このサイトでは、国ごとに違法性・持続可能性のリスクを管理木材の基準である以下の5項目において「特定できないリスク」「低リスク」に分けて評価している：①合法性、②伝統的権利及び市民権、③保護価値の高い森林（HCVF）、④森林転換（植林地または森林以外の用途）、⑤遺伝子組み換え植林。

2015年3月現在、19カ国のリスクアセスメントが承認されており、リスクアセスメントが承認さ

調査事業報告

れた国は以下である：オーストラリア、ベルギー、ブラジル、ブルガリア、チリ、チェコ共和国、デンマーク、ドイツ、イタリア、日本、ニュージーランド、ポーランド、ポルトガル、ルーマニア、ロシア、スペイン、スイス、ウクライナ、イギリス。

また、FSC は FSC 認証材を扱う事業者が EU 木材規制に準拠するためのガイドを発行している。さらに、民間団体であり EU の全加盟国で認められた監督団体の NEPCon が開発した「リーガル・ソース」という DDS のツールについて、FSC 認証制度をこの DDS の一部として使用するという仕組みを勧めている。

（3）PEFC

PEFC も FSC 同様、欧米規制に合わせて制度を改定している。FSC 同様、認証材に混入させてもよい非認証材は「議論のある由来（controversial sources）」のものであってはならない。基準は主に、森林関連の国際・国内法への準拠、原産国における貿易や税関に関する法規制への準拠（森林セクターに関するもの）、遺伝子組み換え森林ベース有機物の使用について、森林を他の植生タイプに転換すること（天然林の植林への転換を含む）、などに関するものとなっている。

欧米規制、特に EU 法に対応するため、PEFC はこれまでのリスクアセスメントのアプローチを、高リスクの特定から「無視できるリスク」の特定へと変えている。同時に、このリスクアセスメントを PEFC 独自の DDS に組み込んだ。今回、DDS は、認証保持者全員が行わなければならないものとなり、さらに、PEFC 認証材にも適用しなければならないことになった。また、関連情報に関して、従来まではサプライヤーの自主申告を許可していたが、新しいシステムでは情報へのアクセスと現地検証への同意をサプライヤーに求めることとなった。

（4）NEPCon リーガル・ソース

前述の NEPCon の DDS ツールであるリーガル・ソースは、欧米規制に適合しなければならない企業の参考の１つとなる。リーガス・ソースでは、調達における DDS 中のプロセスにおいて、段階的アプローチをとるとしている。さらに、リーガル・ソースでは、実際に事業者が利用できるひな形などの各ツールが１セットになっており、一式で DD を実施できるようにする仕組みとなっている。

8　海外植林のナショナルリスクアセスメント手法の開発

日本製紙連合会は、2006 年 3 月に「違法伐採問題に対する日本製紙連合会の行動指針」を策定し、業界全体として違法伐採問題に取り組んできている。また 2007 年 3 月にはより大きな枠組みである「環境に関する自主行動計画」を改定し、違法伐採対策を要素として盛り込んだ。さらに、この自主行動計画終了後の 2012 年 4 月に策定された「環境行動計画」においても、違法伐採対策は引き続きその一環として位置付けられている。

さらに、2007 年度からは、「違法伐採対策モニタリング事業」のもと、会員企業の自主的な取り組みに加え、日本製紙連合会が会員企業の違法伐採対策をモニタリングしてきている。またモニタリン

グ結果は、学識経験者、消費者団体、監査法人関係者等で構成される第三者委員会による監査を受けている。

（1）植林の合法性・持続可能性

製紙業界全体として、天然林ではなく植林からの原材料調達が増加してきており、日本製紙連合会は「環境行動計画」において、2030年度までに国内外の植林地を80万haへ拡大するという目標を掲げている。ただ、その際に注意すべきことが、世界的なスタンダードから見た現地の生物多様性やコミュニティへの影響などを含めた関連法への準拠、つまり欧米規制のもとの合法性を確保できるか否かである。

日本の製紙企業は現在、植林跡地、牧草地、荒廃地等の無立木地において積極的に海外植林を推進している。2013年末時点では前年比で2年連続減少しているものの、オセアニア、南米、アジア、アフリカの10カ国で34プロジェクトが存在しており、その面積は47.9万haに達している。

紙パルプ用の植林への転換は、森林破壊の原因の1つに挙げられている。これは、紙の消費量が世界的に増えたことがあり、2011年には、世界の紙・板紙生産は3億9,900万tに上っている。よって、世界の森林破壊の植林に関連する土地転換の合法性と、それに伴い植林に由来する木材の合法性が、世界的に見て新たに見直されている傾向がある。

日本の製紙企業の植林地のうち、9カ所を除くとすべて1994年以降に植林が始まっている。例えばFSCは1994年以降の土地転換による植林については認証を認めないが、これはFSCの設立年と関わっているだけの理由であり、正当性については疑問が残る。しかし、多くのNGOは土地転換に関わる合法性とともに、地域住民の権利、周辺地域も含めた生物多様性の損失、遺伝子組み換え植林などの問題を指摘している。これらの要素はまた、例えばEU木材規制では合法性に関わるとして挙げられている点であり、今後、日本から、あるいは海外から直接、EUや米国に輸出する場合、考慮しなければならない可能性のある要素である。

（2）リスクアセスメントツールとしてのデューディリジェンスシステム（DDS）

これまでの内容を整理すると、今後、欧米規制への適合を視野に入れたDDSの特徴は、以下のようになると考えられる：

◎ 情報へのアクセスの手段

基本的な情報はもちろん、その他にもいつどのような情報が必要となるかわからないため、サプライヤーに対して情報へのアクセスに合意してもらう必要がある。

◎「無視できるリスク」の特定

各規制や認証制度のDDは、高リスクを特定し高リスク材をサプライチェーンから排除するというアプローチから、「無視できるリスク」であるかどうかを特定し、無視できれば調達、できなければリスク緩和措置をとる、あるいは調達しない、というアプローチへと変わっている。つまり、無視できるリスク、と判断される場合以外は全て、何らかのリスク緩和措置が必要ということである。

調査事業報告

◎ 合法性証明文書の信頼性も含めたリスクアセスメント

違法伐採のリスクが高い地域、ガバナンスが脆弱で汚職の蔓延する原産国など、リスクが無視できない場合には文書があってもさらにチェックが必要である。

また、リスクの評価については、これまで紹介したもの以外では、以下のツールが参考となる。

◎ 腐敗認識指数（CPI）

汚職・腐敗防止活動を展開する国際 NGO である、トランスペアレンシー・インターナショナル（Transparency International：TI）が作成する、政府と民間の関係における腐敗度を数値化したランキングである。各国の公務員や政治家などが企業や個人からの賄賂などの不正行為に応じるかどうか、など腐敗度を調査と評価によって数値化しており、日本でも多くの企業が利用している。DD のコンテクストで言えば当然、腐敗度の高い国では社会的リスク（伐採権の発行に関わる汚職や人権侵害など）が高くなるということである。

9　結論と今後の課題

インドネシア、ブラジルなどの熱帯地域やロシアなどにおいては、十分に規制されない農地開発や政治的腐敗による違法伐採が横行し、毎年多くの森林が破壊されている。このため、EU や米国などの先進国では違法伐採を根絶するために様々な施策が実施されているものの、依然として深刻な問題であり、製紙産業を始めとする木材関連産業においても違法伐採木材を排除することが強く求められている。

このような状況において、日本の製紙企業が海外植林を展開し、そこで生産される木材チップを、自社の製紙工場を始めとする需要先に供給するにあたっては、違法伐採行為のない持続可能な森林経営が行われている森林由来のものであるということを、ナショナルリスクアセスメントを含むデューディリジェンス（DD）を行うことによって確認することが必須となってきている。

現在、日本の製紙企業に責任ある原料調達として求められる合法性、持続可能性の確認手続きについては、以下の３段階となっている。

① グリーン購入法に基づく違法伐採対策

グリーン購入法の判断基準によって、政府調達については全て林野庁のガイドラインに基づき合法性を確認しなければならないことになっている。このため、日本の製紙企業は、1）原料調達方針の策定、2）樹種、数量、伐採地域、適用法令等の情報が掲載されたトレーサビリティーレポート、3）サプライヤー等の現地確認などを実施している。

② 森林認証制度に基づく DD

FSC、PEFC、SGEC などの森林認証制度においては、合法性、持続可能性が確認されている森林認証材に加えて、非森林認証材の部分についても、TI の腐敗指数や FSC のナショナルリスクアセスメントなどを確認することによって DD を実施している。この取り組みについては森林認証審査機関による第三者監査を受けている。

③ EU 木材規制法等に基づく DD

　世界各国では違法伐採対策のより一層の推進を図るため、EU では EU 木材規制法、米国ではレイシー法、オーストラリアでは違法伐採禁止法などの法規制が実施されており、それぞれの国の木材輸入業者はこれらの法律に基づいた DD を行わなければならないことになっている。EU、米国等に紙製品や木材チップを輸出しようとする日本の製紙企業は、このような規制による DD に対応した情報提供や供給体制の整備を求められることになる。その際には、①及び②の対応も含まれるが、それだけでは不十分である。

　このような状況において、日本の製紙企業としては、世界的な違法伐採対策の動向により将来的に③の対応も必須になっていくという考えのもと、①、②及び③については重複する内容も多いことから、その全てを満足させるナショナルリスクアセスメントも含めた DD のシステムを構築することが、責任あるサプライチェーン・マネージメントの確立と業務の効率化の観点から望ましいということができる。

　このため、日本製紙連合会としては、業界で共有できるナショナルリスクアセスメント手法を開発するとともに、リスクアセスメント、リスクミティゲーション、第三者監査などに関する合法性、持続可能性を確認する DD のガイドラインを策定することが求められている。

6　海外植林事業における新たな経営手法の開発調査

　今後、製紙企業を始めとする日本の企業が、さらに海外植林地を拡大していくためには、既存の植林地を買収する、または海外の植林会社を M&A で取得する、あるいは資本参加していくという方法が有効になっていくものと想定される。一方で、米国やヨーロッパにおいて、森林経営に特化した投資による植林地の造成や買収を積極的に展開している植林ファンドのような企業形態が見られるようになっている。さらに、International Paper 社や Georgia-Pacific 社のような大規模な製紙企業は、自社有林をこのような森林投資会社に売却したが、逆に製紙企業の Weyerhaeuser 社のように自身の企業形態を森林経営に特化した方向に転換する企業も出てきている。

　このため、海外産業植林センターに調査研究委員会を設けて、①全世界の植林ファンドによる既存植林地の賦存状況を悉皆的に調査するとともに、②近年、機関投資家の資金を背景に世界的な規模で林地の買収を行っている林地投資経営組織（Timberland Investment Management Organization：TIMO）や不動産投資信託（Real Estate Investment Trust：REIT）の実態及びその経営形態、並びに③植林、買収、M&A 及び資本参加を行うにあたっての手法及び留意点について文献調査を行うとともに、④植林ファンドによる発展途上国における農民植林やニュージーランドのパートナーシップ植林などの新たな手法についても調査・比較研究を行った。

1　TIMO 及び REIT の概要

（1）TIMO

　林地投資経営組織（Timberland Investment Management Organization：TIMO）は、一般的には機関的投資ファンド、典型的には年金基金などが資金を出し、そのファンドの代理で森林を購入し、信託に基づいてその森林を経営する会社である。したがって厳密に言えば TIMO は森林所有者ではなく、ファンドが森林所有者ということになる。TIMO を通じた森林投資には、あらかじめ投資期間（一般的には 7 〜 15 年）が設定されているタイプと、投資期間が設定されていないタイプがある。前者は、複数の投資家が集まって投資するケースが多く、期限が来たらその森林を売却し、売却益を取得するのが主な目的である。後者は、年金基金などの単独の機関投資家によって投資されているケースが多く、木材販売による収益に加えて、資産価値の変動を考慮して森林売却のタイミングを計り、その収益の最大化を図るのが目的である。このように年金基金等が TIMO に投資するようになったのは、1974 年に制定された従業員退職所得保障法（ERISA）において投資資産を多様化すべきことが義務付けられたからである。TIMO が購入した森林は、製紙企業などの巨大な垂直統合林産会社が所有していた規模の大きい社有林が多い。

　TIMO 上位 30 社が世界で所有している森林資産の合計は 570 億ドルで、合計面積は 3,550 万 ha に

達している。主要な TIMO は、Hancock 社、Campbell Global 社、FIA 社、RMS 社などで、その活動地域は米国が中心であるが、近年は中南米やオセアニアなど世界中に拡大している。

TIMO 上位 10 社の活動地域

会　社　名	本拠地 (国)	活　動　地　域					
		北米	中南米	オセアニア	アフリカ	アジア	ヨーロッパ
Hancock Timber Resource Group	USA	○	○	○			
Camber Global	USA	○		○			
Foest Investment Associates	USA	○	○				
Resource management Service	USA	○	○	○		○	
Global Forest Partners	USA		○	○		○	○
BTG Pactual	ブラジル	○	○		○		
GMO Renewable Resources	USA	○	○	○			
The Forestland Group	USA	○	○				
New Forests	オーストラリア			○		○	
Brookfield Timberlands Management	カナダ	○	○				
Molpus Timberland	USA	○					

資料：RISI.Inc、「International Timberlands Management, 2016」

注：10 位が 2 社あるので、実際上は 11 社が計上されている。

（2）REIT

　REIT は、個人投資家の資本をまとめて森林を購入し、その森林を不動産投資信託として経営する株式上場された会社である。その意味で REIT は森林所有者である。すなわち、REIT は会社自体が不動産として森林を経営し、その森林から得られる収益を最大化することが主な目的である。この森林経営に対して、投資家が投資信託を行うのが REIT である。現実には、Weyerhaeuser 社のような巨大な垂直統合林産会社が、自らの会社の社有林部門を切り離し、森林経営を行う不動産投資信託の会社として独立させたケースが多い。

　1997 年に制定された不動産投資信託簡素法（REITSA）において、REIT には二重課税を回避できる税制上の優遇措置があるが、そのためには、a）100 人以上の株主（投資家）を有していること、b）5 人以下の株主が 50％以上の株を保有してはいけないこと、c）申告所得の 90％以上を配当として株主に払うこと（そうすれば申告所得に対する法人税は免除される。）、d）所有する資産の少なくとも 75％以上は森林を含む不動産とすること、e）保険会社や金融機関は REIT になれないことなどの条件を満足させなければならない。このため、Weyerhaeuser 社は、製材、合板等の木材製造部門や紙パルプ製造部門のほとんどを売却し、その経営を森林経営部門に特化させている。REIT は米国において、Weyerhaeuser 社、Rayonier 社、Potlatch 社の 3 社が上場している。（Weyerhaeuser 社は、2016 年に REIT の Plum Creek 社を買収して、世界一の森林所有会社となった。）

2 経営体としてのTIMO及びREIT

　米国の不動産投資被信託協会によれば、林地投資に対する収益率は、1987年から2011年までの平均で、名目で年間13.5％、実質で10.3％であった。この名目の収益率のうちその4割が立木販売等によるもので平均5.7％、その6割が林地の資産価値増によるもので平均7.9％であった。最近のヒアリング調査によれば、米国の森林投資に対するリターンは、4～6％が期待されている。

　TIMOやREITの森林管理組織は、販売先の選定や伐採量の決定、投資の募集やリターン等を計算するCalculatorと呼ばれる本部管理部門と、林道整備、伐採、造林、資源調査、資源評価等の現場管理部門に分かれている。特に現場管理部門では機能ごとに専門職員が配置され、フォレスター（エリアマネジャー）と呼ばれる林業技術者が統括している。本部管理部門においては、詳細な森林資源情報に基づいて将来の収益を正確に計算した目論見書が作成されており、それが機関投資家の投資の確保を可能にしている。また、現場管理部門においては、その目論見書が想定している森林経営を確実にするための技術スタッフ（フォレスター）を配備している。

3 TIMO及びREIT等大規模森林所有の地域的展開

　TIMO及びREITは、北米を中心に発展してきたが、近年、TIMOの多くはヨーロッパ、オセアニア、南米などに進出している。しかし、アジアやアフリカにはほとんど進出していない。また、REITは米国のみで展開している。

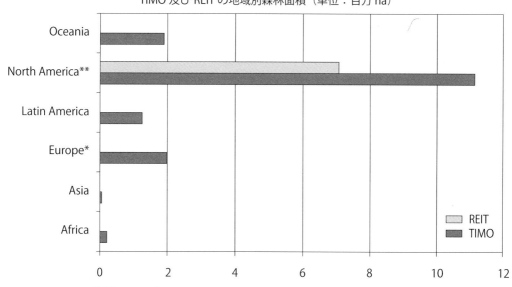

資料：RISI「International Timberland Ownership and Investment Data book 2016」

（1）北米

　北米で大規模森林所有といえば、かつては International Paper 社や Weyerhaeuser 社のような垂直統合型林産企業であったが、最近では、森林を所有している上位 10 社のうち、6 社が TIMO、2 社が REIT となっている。また、米国の大規模所有形態の中では、一族経営による家族経営的森林所有会社も多いが、垂直統合型林産企業のように TIMO や REIT に所有森林を売却する例は極めて少ない。

（2）ヨーロッパ

　ヨーロッパで大規模森林所有といえば、森林を所有している上位 12 社のうち 7 社までが協同組合である。また、北欧の UPM のような製紙企業も大規模な森林を所有している。フィンランドの Tornator Oyj 社やスウェーデンの Bergvik SogAB 社は年金基金の資金が投入されている TIMO である。中欧においてバイオマス植林を展開している TIMO もある。

（3）南米

　南米で大規模森林所有といえば、森林を所有している上位 10 社のうち 7 社までが紙パルプ企業（Arauco 社、CMPC 社、Fibria 社、Suzano 社、Klabin 社、Eldorado 社、Stora Enso 社）であり、TIMO は 1 社（米国の Global Forest Partners 社）となっている。機関投資家による森林投資は少数の国に集中しており、ブラジル、ウルグアイ、チリ、ベリーズで 85％ を占めており、ブラジルだけで 49％ に達している。

（4）オセアニア

　オセアニアの大規模森林所有といえば、森林を所有している 10 社のうち 8 社までが TIMO である。しかも TIMO の多くは外国資本であり、地元資本の TIMO である New Forests 社もその資金の多くを海外に依存している。このように多くの TIMO が進出しているのは、かつてオーストラリア政府が推進した MIS（Managed Investment Scheme）による植林事業がリーマンショックで破綻し、その多くが TIMO に買収されたためである。オーストラリアの全人工林の 54.7％、ニュージーランドの 47％ が TIMO の支配下にある。

（5）アフリカ

　アフリカでは数百万 ha の天然林が木材利用目的のコンセッションとなっているが、機関投資家の森林投資は人工林に限定されている。アフリカにおける TIMO の活動は始まったばかりであり、ノルウェイの TIMO である Green Resources 社は、東アフリカのモザンビーク、タンザニア、ウガンダで植林事業を展開している。

（6）アジア

　アジアでは TIMO による森林投資がほとんど展開していない。

4 世界の大規模森林所有

　TIMO や REIT 等の機関的森林投資、上場企業、上場企業以外の森林所有会社、家族経営的森林経営会を合わせ、森林所有規模が大きい私有林所有者は誰か。これは単純な問いではあるが、簡単に答えることはできない。

　世界最大の私的森林所有はフィンランドの協同組合 Metsaliitto である。この組合は 1,310 万 ha の森林を 12 万 2,000 人の組合員で所有し、このほかに Metsa グループ自身で 30 万 ha の森林を所有している。これに対して 2 位であるアメリカの Weyerhaeuser 社は、2016 年の中頃までは、北アメリカに 518 万 ha の森林、ウルグアイに 7 万 4,000ha の人工林を所有し、カナダ国有林に 560 万 ha の長期伐採権を所有していた。このように、1 位と 2 位を見るだけでもどちらを最大と見るかは考え方によると言えるだろう。Metsaliitto の場合、1 人 1 人の組合員の所有面積は平均 48ha であるし、Weyerhaeuser 社は 530 万 ha の社有林に加えて、カナダの伐採権を 530 万 ha 所有している。さらに、Resolute Forest Products 社の場合、社有林はないものの、国有林に対して 2,200 万 ha の伐採権を持っている。

　世界最大の私有林所有は Weyerhaeuser 社で、この会社は 2016 年にプラムクリークを買収した後は、世界第 2 位である SCA Skog 社の 2.5 倍の所有面積になった。上場企業トップ 10 のうち 2 社は北アメリカの企業（Weyerhaeuser 社、レイオニア社）、3 社はヨーロッパの企業（SCA 社、Holmen 社、Stora Enso 社）、残りの 5 社はラテンアメリカの企業である。ちなみに、日本の王子ホールディングスは JV で所有している面積を合わせると合計 45 万 ha 所有しており、これが世界 11 位になる。

　上述の、世界の私有林所有トップ 10 のうち 8 社までは紙パルプ産業に関連している。例外はレイオニア社と Weyerhaeuser 社で、レイオニア社は数年前、パルプのビジネスを切り離し、Weyerhaeuser 社は、2016 年、パルプ工場をインターナショナル・ペーパーに売却した。その結果この 2 社は、かつては紙パルプ産業に関係していたが、現在は直接的には関係してはいない。

　ここで、この紙パルプ産業に関連して、世界のパルプ生産企業について述べておこう。インターナショナル・ペーパー社は世界最大の紙パルプ企業であるが、所有森林面積は少なく、ブラジルに 8 万 1,000ha のユーカリの人工林を持つだけである。同社はおよそ 10 年前に北アメリカに所有していた膨大な森林を売却してしまった。現在は、この社有林とは別に、ロシアに 600 万 ha の長期伐採権を持っており、その一部は Ilim グループとジョイント・ベンチャーである。同様に、Mondi 社、Resolute 社、Domtar 社の 3 社も、ロシアとカナダに数百万 ha におよぶ伐採権をもっている。世界第 2 位のパルプ会社である Koch Industries（Georgia-Pacific）社は全く社有林を持っておらず、世界第 4 位の WestRock 社は、ブラジルにわずか 2 万 6,000ha のパイン人工林と、東テキサスに 1 万 ha のユーカリ試験的人工林を持つのみである。

　以上のように、パルプ会社が原木確保を考える場合、自社有林を所有するか、あるいは第三者からの原木購入に依存するかは、その会社が世界のどの地域で操業しているかにかかっている。

5 TIMO 及び REIT の特徴及び課題

　機関投資家は、可能な限りリスクを回避し、安定的な収益を確保するために「ポートフォリオ理論」に基づいて多様な資産に投資を分散化させており、森林投資は、リスク分散の一手段と考えられている。特に、森林投資による収益は、比較的インフレとの連動が少なく、木材販売の収入のみならず、林地価格そのものの上昇も期待できることから、ポートフォリオの多角化の魅力的な選択肢の1つとなっている。

　また、このように機関投資家からの巨額な投資を可能にしたのは、ポートフォリオの多角化に加えて、目論見書等によって将来の収益が詳細なデータに基づいて明示されるとともに、それを確実なものにするために必要な高い技術を有するフォレスターによる森林管理を実現したことであり、日本の製紙企業の海外植林の今後の展開にあたっても参考になる点が多いと考えられる。

　さらに①自ら木材加工施設を有していないため、最も高い価格を提示した購入者に売却することができる、②組織の目的から免税等の特権を与えられているため、森林の経営に税制の影響を考慮する必要がない、③立木の成長や価格の変動による資産価値の増減を即座にバランスシートに反映することができるため、短期的なキャッシュフローを気にすることなく、保有する資産の評価価値を最大化することを目的にした長期的観点から森林経営を行うことができる、④林地の購入は自己資金で賄われ、銀行の借り入れに頼る必要がない等のメリットを有している。

　一方で、収益を最大化し、投資家への配当を少しでも増やすことが経営目的となっているため、収益性の低い林地は率先して売却されるとともに、森林の有する社会便益や環境便益が等閑に付されるのではないかという批判もある。これに対して TIMO や REIT は FSC や PEFC などの森林認証を取得することによって持続性の確保を図っている。また、TIMO や REIT は基本的には森林という不動産の資産管理であり、産業資本ではないことから、育種や林業生産における長期的な技術開発やR&D に十分な投資が行われないのではないかという懸念もあり、TIMO や REIT が今後の世界の植林事業の主流となるかどうかについては議論の分かれるところである。

　なお、既に米国においては、垂直統合型林産企業の社有林の TIMO あるいは REIT への売却はほとんど終了し、新たな投資の対象となる森林は少なくなってきており、南米、オセアニア、アフリカなど米国以外の地域に投資対象が拡大していることにも注目する必要がある。特に、TIMO 等の森林投資がほとんど行われていないアジア地域の今後の動向に注意する必要がある。

6 TIMO 上位 30 社のプロフィール

（1）Hancock Timber Resource Group

　Hancock Timber Resource Group（HTRG）は 580 万エーカーと 115 億米ドルの立木地資産を管理している世界最大の TIMO である。Hancock は TIMO セクター設立の父と呼ばれる 1 人であり 1985年に設立された。HTRG は Manulife Financial Corporation の完全子会社である Hancock Natural

Resource Group Inc. の一部門である。Manulife Financial はカナダを本拠地とし、8万4,000名を雇用する巨大な金融サービス会社で、アメリカ合衆国においては John Hancock としてビジネスを展開している。

Hancock 社は頻繁に林地の売買を行っている。2016年5月末現在で Hancock 社が所有している林地は次の通り。

・アメリカ合衆国：アメリカ北部に14万1,000ha、アメリカ南部に96万ha、アメリカ西部に56万ha、など合計168万ha
・カナダ：ブリティッシュコロンビア州に2万ha
・オーストラリア：ヴィクトリア州とクイーンズランド州に37万ha
・ニュージーランド：23万ha
・ブラジル：Hancock 社は南部ブラジルにいくらかのマツの林地を所有していたが、その林地は伐採後に Klabin 社に売却されたため、2016年現在ブラジルに所有している林地はない。
・チリ：2014年に Hancock 社は Masisa の6万2,000ha の土地の80％を手に入れ、これには3万6,000ha のマツの造林地が含まれている。（Masisa は残りの20％を持ち続けている。）

2016年の主な林地取得には The Forestland Group から買収した北部ミシガン州の14万ha が含まれている。Hancock 社は現在アメリカ内の38万6,000ha の森林を売却する過程もしくは売却のための準備をしている。

（2）Campbell Global

この会社はかつて The Campbell Group として知られていた。2014年、この TIMO は、単なる北米の会社としてではなく、世界的な拡大に焦点をあてていくことを重要視して、自身をリブランドした。この会社は、2016年3月末現在で2,180億米ドルの総資産を管理している Old Mutual Asset Management（OMAM）に所有されている。OMAM は1846年にロンドンに設立された国際投資、貯蓄、保険、銀行業グループである Old Mutual Group の一部である。Campbell は Hancock Timber Resource Group に続く世界第2位の TIMO で、現在56億米ドルの資産を管理している。この会社は長い間アメリカ太平洋岸北西部（PNW）だけで森林の管理に焦点を絞っていて、1981年にまず森林管理会社として始まり、Hancock Timber の PNW のポートフォリオを10年以上に渡って管理していた。1990年代には変わらず PNW での資産の管理と取得に焦点を当てて TIMO としての事業を拡げたが、2007年に Temple-Inland の140万エーカーの森林を獲得したことによってアメリカ南部にも広がった。2012年に Campbell は、南オーストラリアの連邦政府造林地所有者（state government forest plantation owner）である Forestry South Australia からマツの造林地の将来の伐採権を獲得したことによって"グローバル"となった。2016年初期で Campbell が所有しているのは全部でおよそ260万エーカーで、そこに含まれているものとしては次の通り。
・アメリカ南部に80万ha
・アメリカ西部に14万ha
・南オーストラリアに23万エーカー（うち造林地約20万ha）

調査事業報告

2016 年、Campbell はかつて Menasha が買収した 5 万 2,000ha の 森林を FIA と Rayonier に売却した。また、伝えられるところによると、テキサス東部で CalPERS のために管理している 44 万 ha を売却するとされているが、これに関しては 2017 年以前にこの資産の売却が進んでいるとの確認はない。

（3）Forest Investment Associates（FIA）

FIA は 1986 年に設立された初期の TIMO の 1 つである。現在 FIA は 100 万 ha の森林地を含む 49 億 US ドルの資産を管理している。材木地資産に含まれているものは、次の通り。
・アメリカ南部におよそ 72 万 ha
・アメリカ北部に 10 万 4,000ha
・アメリカ西部に 11 万 ha
・ブラジルの 3 つの州に 7 万 ha、うち 5 万 ha が植栽されている

経験豊富な林地の買収チームは、林産会社、REIT、TIMO の他、個人の土地所有者から日常的に林地の供給を確保している。Forest Investment Associates のフォレスターは成長と収穫を最大限に利用するために、顧客の土地を集約して管理している。

FIA の事務所はジョージア州の Atlanta と Statesboro、ペンシルベニア州の Smethport 、ワシントン州の Vancouver、ミシシッピ州の Jackson、ブラジルの Sao Paul、そしてメキシコの Monterrey にある。

この会社の機関投資家の顧客の中には、アメリカとヨーロッパの最大の公的及組合組織の年金機構の多くが含まれている。

2016 年の前半期、FIA はサウスカロライナ州の 2 万 ha の森林を CatchMark に売却したが、ワシントン州の 2 万 2,000ha の森林を Reyonier から買収している。

（4）Resource Management Service, LLC

Resource Management Service, LLC（RMS）はアラバマ州 Birmingham で 1950 年に設立されて以来、主としてアメリカ南部で林地の管理を行っている。この会社は個人や会社の顧客のために土地を管理していたが、1985 年にアメリカ南部地域において Hancock Timber Resource Group の地域土地管理者となることによって TIMO としての時代に入った。この Hancock との関係は RMS 自身が独立した森林投資管理者となった 2004 年の初期まで続いた。RMS は現在 108 万 ha、45 億 US ドルの資産を管理する世界第 4 位の大きさの TIMO である。管理下にあるほぼ全ての森林（94 万 ha）はアメリカ南部の 9 つの州にある。加えて RMS が海外に所有しているものは、次の通り。
・南部ブラジルの 4 万 3,000ha のマツの森林、うちおよそ 3 万 ha は人工林。
・中国広西省のおよそ 2 万 4,000ha のユーカリの造林地
・2014 年にこの会社は、ニュージーランド Wellington の近くに Greater Wellington Regional Council が持つ 5,430ha のラジアータパイン造林地における長期（60 年間）の伐採権獲得の入札に成功している。

・2014年から2015年にかけてRMSは、数年間管財人管理下にあったFEAの林地や造林地と同じように、タスマニアで2つの小規模な造林地を手に入れた。これによって得た土地は合わせて8万5,000haで、90%がユーカリ、10%がマツであると自身で報告している。

（5）Global Forest Partners

　Global Forest Partners（GFP）はその本部をニューハンプシャー州のLebanonに置き、1982年にResource Investments Inc.（RII）として設立された最初のTIMOの1つである。1995年から、経営陣による自社買収（management buy out）によって現在のGFPの所有権を得た2003年までの間はUBSの子会社であった。GFPとその前身は、1992年のニュージーランドでの大規模投資や同時期のチリでの投資などを含め、北米以外の地域での材木地投資の先駆者となっている。この会社の管理する資産は31億米ドルで、それによりRISI社のTIMOの調査において第6位にランクしている。GFPは8つの国におよそ130万エーカーの生産目的の人工林を管理し、そこに含まれているものは、次の通り。

・ブラジル：11万ha。RISI社の試算では、この造林地の55%がユーカリ、45%　がマツ。

・チリ：3万8,000haの造林地、うち95%はラジアータパイン、5%はユーカリ。

・コロンビア：1万6,000ha。うちおよそ5,000haは既にEucalyptus pellitaの造林地、残りも造林予定。

・グアテマラ：1万5,000haのチークの植林地、これによりGFPは西半球で最大のチーク植林地の管理者の1つとなっている。

・ウルグアイ：8万ha、うちおよそ25%がユーカリ、75%がマツ。

・オーストラリア：15万4,000haの人工林、うち58%はユーカリ、42%がマツ。

・ニュージーランド：10万haのラジアータパイン。

・カンボジア：6,000ha以上の植林可能なエリアで、2つの新しいゴムの植林地が開発されている。

（6）BTG Pactual Timberland Investment Group

　BTG Pactual Timberland Investment Group（TIG）は古くからのTIMOの1つで、そのルーツは1981年のアトランタのファースト・ナショナル・バンクにさかのぼる。その中の林業グループは、まず最初Wachovia Bankによって買収され、その後、2004年にRegions Financial Corporationによって買収された。これがRMK Timberlansとしてビジネスを開始し、その後Regions Timberlandに代わり、そして2013年、ブラジス最大の投資銀行であるBTG Pactualによって買収された。TIGは北アメリカ以外では最大の林地投資会社である。経営している森林は次の通り。

・アメリカに41万8,200ha（南部に18万8,000ha、北部に22万7,000ha、西部　に920ha, など）

・ラテンアメリカに19万8,000ha（グアテマラに6,570 ha, ウルグアイに2万8,470ha、ブラジルに16万2,000ha）これらは森林面積であり、造林面積ではない。また裸地も含まれているが、数年中に造林する予定。グアテマラの森林はほとんどがチークの造林地、ウルグアイの森林はユーカリの造林地、ブラジルの森林の大部分は製鉄用木炭のためのユーカリ造林地。

・ヨーロッパに 1 万 2,000ha（エストニアに 8,300ha、ハンガリーに 3,600ha、エストニアの森林は典型的な針葉樹林、ハンガリーの森林はバイオマス用ポプラの造林地。

・南アフリカに 5 万 600ha。

（7）GMO Renewable Resources

GMO Renewable Resources（GMO RR）は、ボストンを本拠とし 1 千億ドル以上を管理する民間投資管理者である Grantham Mayo Van Otterloo の子会社である。RISI 社の調査では GMO RR は 27 億ドルの委託資金を管理し、8 カ国におよそ 140 万エーカー（56 万 3,900ha）をもつ 10 番目に大きな TIMO である。GMO RR はかつては大規模な森林資産を基盤としていたが、資産のいくつかを高値で売却して利益を得てきた。GMO RR は農業分野でのポートフォリオも開発している。2016 年現在で所有しているものは、次の通り。

・アメリカ合衆国：36 万 8,700ha（北部に 17 万 7,700ha、アパラチアに 5 万 9,700ha、南部に 11 万 8,600ha、北西部太平洋岸に 3,000ha、ハワイに 9,900ha（eucalyptus）

・オーストラリア：5 万 6,700ha、Australian sandalwood と African mahogany が半分ずつ。

・ニュージーランド：3 万 8,200ha、ほとんど全てラジアータパイン

・ラテンアメリカ：10 万 300ha 、ラジルに 6,700ha（パイン）、チリに 1 万 5,400ha（ほとんどユーカリ）、コスタリカに 3,300ha（チーク）、パナマに 3,300ha（チーク）、ウルグアイに 7 万 1,700ha（いくらかの農地が含まれるがほとんどがパインとユーカリ）。

GMO RR は常に「土地利用の効率を最大限にするため材木地資産の補助として」農業用地を管理してきたが、このグループにおいて農業への投資は最近更に強くフォーカスされてきている。

（8）The Forestland Group

The Forestland Group（TFG）はノースカロライナの Chapel Hill を本拠地とし、1995 年に設立された。この長年の TIMO は広葉樹林の管理と取得に焦点をしぼりユニークなニッチ市場分野において堅固な地位を築いてきた。The Forestland Group は管理資産（26 億ドル）という点では第 8 位にランクされるが、管理する森林の面積（136 万 ha）では第 3 位にランクされる。2016 年半ばで管理している資産に含まれるものは、次の通り。

・アメリカ合衆国におよそ 128 万 ha、これには南部 10 州の 42 万 ha と北部 13 州の 77 万エーカーが含まれる。

・カナダのケベックに 1 万 7,000ha とオンタリオに 6 万 5,000ha

・ベリーズに 9 万 7,000ha（ネイティブ樹種の広葉樹林）

・コスタリカに 3,500ha（ほとんどがパイン）

・パナマに 3,000ha（チーク造林地）

TFG が更にユニークなことは、管理する材木地のほとんどが、FSC の森林認証を受けているという点である。2005 年、TFG は Anderson-Tully　Company の全ての株式を取得したが、ここはアメリカ南部 4 州に 13 万 ha の広葉樹林とミシシッピ州 Vicksburg に国内最大級の広葉樹製材工場を所

有していた。TFG は 2008 年にベリーズの広大な広葉樹林を購入したことによって、初めて国際資産を獲得した。これは初めてというだけでなく、2016 年までの唯一の─ベリーズにおける機関投資家による森林取得であり、世界でも非常に少ないこのセクターによる広葉樹林への投資の 1 つとなっている。TFG は 2009 年にはコスタリカの資産を取得し、2013 年にはパナマに移動した。この会社は一連の限定的なパートナーシップと民間の REIT を通じて、130 の異なる組織から高額の投資を行っている投資家と機関投資家からの両者の投資を管理している。

（9）New Forests

New Forests 社は 2005 年に設立され、2010 年に最初の林地投資を行った。この会社はオーストラリアに本部があり、そのファンドマネージャーは、過去 6 年間、経営する林地から世界的に見ても高い森林資産の成長を確保してきた。2016 年 6 月 30 日に終了する 4 半期で、30 豪ドル（22 億 3,600 万米ドル）の資産増加を報告している。New Forests 社は世界で 9 番目に大きい TIMO となった。New Forests 社の親会社はオーストラリアに本社があり、投資を受け付けるオフィスをシンガポールとサンフランシスコに持っている。

同社は、オーストラリアに 23 万 8,000ha のユーカリの造林地を経営しており、そのうちの 10 万ha はオーストラリア本土に、残りはタスマニアにある。主要な造林地は伐採後再造林される。再造林されないところは他の土地利用に使われるか売却される。New Forests 社は上記の他、オーストラリアに 3 カ所のラジアータパインの造林地を持っており、それらは合計 9 万 1,000ha で、タスマニアのグリーン・トライアングルとニュー・サウス・ウェールズの間にある。New Forests 社はオーストラリアとニュージーランドのファンド、ANZFF と ANZFF2 を通して、ニュージーランドの森林を積極的に購入しており、過去数年で 1 万 7,700ha のラジアータパインの森林を取得した。

森林の取得に加えて、同社は 2013 年、Gunn's receivers から 2 つの製材工場を取得した。この工場はタスマニアの Bell Bay と南オーストラリアの Tarpeena にあり、New Forests 社の ANZFF ファンドのポートフォリオの会社である Timberlink Australia Pty Ltd. 社によって運営されている。Timberlink は、2015 年 9 月にニュージーランドの Blenheim にある製材工場を Flight Timbers 社から購入し、2016 年 1,000 万ドルで設備の更新を行ったと発表している。2015 年 10 月、ニューフォレスト社は New Forests Timber Products Pty Ltd を新たに完全所有の事業として開始することを発表した。この会社は年間グリーン材で 400 万 t のウッドチップを生産し、これは全て New Forests 社のオーストラリアにおける広葉樹投資に向けられるとのことである。

同社は、アメリカでは、Forests Carbon Partners, L.P. 社を運営し、Eco Products Funds を共同経営している。それは、森林の CO_2 の緩和・環境保全に投資する会社である。2016 年 6 月、Forests Carbon Partners 社はアメリカの森林 10 万 9,000ha 以上をカバーする 12 の二酸化炭素を緩和する森林プロジェクトを管理している。

(10) Brookfield Timberland Management

この会社は巨大な Brookfield Asset Management 社の一部で、親会社は様々なタイプの資産を

合わせて 2,400 億ドルの資産を経営する会社である。Brookfield Timberland Managemment 社は 370 万 ha、およそ 22 億ドルの森林資産を経営しており、その中にはカナダ東部に 130 万 ha の国有林の伐採権を含んでいる。同社は世界で 10 位の森林資産を経営している。これらの森林資産は次の通り。

・子会社である Island Timberland 社が、カナダ BC 州のバンクーバー島に 25 万 ha の森林を所有。ブルックフィールド社は、2013 年、この森林資産の 25% を 1 億 7,000 万ドルで他社に売却したが、今なお経営を継続している。

・同じく子会社である Acadian Timber Corp. 社がカナダのニュー・ブランズウィック及びアメリカのメイン州に 96 万 ha の森林を経営しており、その中には 52.6 万 ha のカナダ国有林の伐採権保有の林地、アメリカのメイン州に 12 万 ha の賃借地、カナダのニュー・ブランズウィックに 31 万 ha の賃借地が含まれている。

・同じく子会社である Brookfield Brazil Timber 社はブラジルで 27 万 ha の森林を経営している。このうちの最大の部分は 2013 年に Fibria 社から取得した 20 万 5,000ha のユーカリ造林地である。

(11) Molpus Woodlands Group, LLC (Limited Liability Company)

Molpus 社はもともと 100 年以上前の材木会社であったが、1990 年代に自身を巨大な林地管理会社として設立し直した。Molpus Timberland Management 社は 2015 年に Molpus Woodlands Group と合併して、ミシシッピ州の Jackson に本拠地を置いている。Molpus はアメリカ全土に 80 万 ha、22 億ドルの資産を管理し、現在第 11 位の TIMO としてランク付けされている。2012 年に Molpus は別の大きな TIMO である Forest Capital の材木地ポートフォリオを購入するために Hancock と組んだ。この取引の一部として Molpus はミネソタの 11 万 6,000ha、ルイジアナの 4 万 5,000ha、アイダホの 5 万 6,000ha を選択した。Molpus の現在の材木地資産として含まれているものは次の通り。

・アメリカ北部の 32 万 9,000ha（ケンタッキー、ミシガン、ミネソタ、ニュー　ヨーク、ペンシルベニア）

・アメリカ南部の 40 万 7,000ha（アラバマ、アーカンソー、フロリダ、ジョージア、ルイジアナ、ミシシッピ、ノースカロライナ、オクラホマ、テネシー、テキサス、バージニア）

・アメリカ西部の 6 万 6,000ha（アイダホ、ワシントン）

2014 年、Molpus は拡大を続け、アメリカ南部の 4 万 6,000ha とニューヨークに 5 万 ha を取得。2015 年にはアメリカ西部の 1 万 1,000ha とルイジアナに 7 万 8,000ha を取得し、2016 年の上半期にはアメリカ南部の 3 万 5,000ha を購入した。

(12) Societe Forestiere de la Csaise des Depots

この会社は 1966 年に設立され、今日なおヨーロッパでは最大の森林管理会社で、銀行や保険会社などの機関投資家・私的な森林ファンド・個人の投資家などに代わって 1,000 種以上の広葉樹・針葉樹の森林を経営・管理している。この会社はフランスに約 27 万 ha、20 億ユーロに相当する森林を持っている。加えてこの会社は、1995 年以来、FNSAFER 及び Terres d'Europ（SCAFR）との共同

で、フランスの森林のためのマーケット・インデックスを出版しており、フランスの森林投資家にとって便利な情報となっている。この会社は毎年7,000 ～ 8,000ha の森林の販売を手掛けている。2016年現在、この会社は第三者が所有する森林の受託管理をしているが、世界12位の TIMO である。

（13） Timberland Investment Resources

Timberland Investment Resources（TIR）は 2003 年に設立された TIMO で、ジョージア州の Atlanta に本部を置いている。現在管理している資産は約 15 億ドルで、RISI 社の調査では第 13 位の TIMO となる。2015 年の終わりで TIR はアメリカに、南部 12 州にまたがる 29 万 ha と、北部 3 州の 2 万 7,000ha を合わせて、31 万 7,000 エーカーを所有している。

（14） Greenwood Resources

1998 年設立の Greemwood Resources（GWR）は、機関投資家のための造林地管理と開発を専門とする林地投資のアドバイザーである。投資戦略は森林管理、よりよい樹木の育成、アメリカ国内と国際的な成長市場のための樹木の育成にフォーカスされている。GWR は、自社が所有しているエリート・ポプラの品種開発（伝統的な森林製品向けとエネルギー市場向けの両方）で世界的に認知されている。2012 年に Teachers Investment and Annuity Association/College Retirements Equity Fund（TIAA-CREF）はこの GWR 社の大部分の株式を取得したが、GWR 社は独立した企業として自身の管理と従業員で運営を続けている。

GWR 社が管理、また委託している資金の総計はおよそ 15 億ドルで、それには 2015 年に終了した世界的な林業ファンドである Global Timber Resources 社への委託資金である 6 億 6,700 万ドルが含まれている。

GWR 社の森林資産の多様なポートフォリオは先進国と新興市場国の両方に広がっており、北アメリカ、ラテンアメリカ、ヨーロッパ及びアジアにおける活発な森林取得により、2016 年の 7 月現在、世界でおよそ 13 万 5,000ha を管理している。

（15） Timbervest, LLC

Timbervest 社の所有権は 2013 年 9 月末で 12 億ドル相当の 24 万 7 と 000ha されていたが、2016年初めの時点では 11 億ドル相当の 22 万 5,000ha まで減少した。この会社の資産の 49％はアメリカ南東部、21％はメキシコ湾岸諸州、15％は北東部、9％はアメリカ西部、そして 6％はアパラチア地方にある。この会社はアメリカ国外への投資は行っていない。

（16） Wagner Forest Management

Wagner 社は 60 年以上にわたって森林を管理していて、TIMO と森林管理コンサルタント企業の両者としての活動を行っている。Wagner 社のような会社については、どこまでが森林管理者でどこからが TIMO なのかの整理は簡単ではないが、Wagner 社はおよそ 20 の顧客の代理として総計 101万 2,000ha を管理していて、それに含まれているのは次の通り。

調査事業報告

・Bayroot LLC、Moxie Tree Farms として知られるメーンとニューハンプシャーにある 23 万 3,000ha の林地

・Cumberland Tree Farm、ノヴァスコシアの Atlantic Star Forestry と Nova Star Forestry の 19 万 5,000ha

・Meriwqeather LLC、メーンの Penobscot Tree Farm として知られる 7 万 5,000ha

・North Star Forestry LLC、オンタリオの Newaygo and Voyageur Tree Farms として知られおよそ 34 万 4,000ha

・Typhoon LLC、メーンの Sunrise Tree Farm として知られ、およそ 16 万 2,000ha

（17）FIM Service Ltd

　FIM 社はイギリスで 37 年にわたって林地投資に携わり、15 年前からは再生可能エネルギー分野にも参入してきた。現在トータルで 9 億米ドル以上の資産を経営・管理している。そのうち 7 万 ha がイギリスにある森林資産で、北ヨーロッパ及び東ヨーロッパにも森林資産を持っている。FIM 社は世界 17 位の TIMO である。FIM 社が経営している森林資産の 65％以上は自社のファンドで所有しているもので、残りはプライベート森林所有者に代わって経営を行っているものである。

（18）Floresteca

　この会社は 1994 年に設立され、世界最大のプライベートのチーク会社であるといわれている。ブラジルで 4 万 ha のチーク造林地を経営しているが、それは自社所有のチーク造林地と他の投資家の森林の両方が含まれている。およそ 3 万 5,000ha ある Mato Grosso 州には 2 万 0,500ha のチーク造林地を持っている。また 4 万 9,000ha ある Para 州には 1 万 8,300ha のチーク造林地がある。これらはラテンアメリカ最大のチーク造林地経営者であると考えられる。多くのヨーロッパの林地投資ファンドや北アメリカの林地投資ファンドが、この会社を通じてチークに投資をしている。

（19）Conservation Forestry LLC

　この TIMO はニューハンプシャー Exeter にあり、「大規模な森林を取得及び管理する目的で、未公開株式と保全資本（conservation capitals）を調整する」投資組織であるとしている。2016 年初めにおいて管理している資産は 26 万 6,000ha（7 億 5000 万ドル）、そのうちの 57％はメーン州にあり、残りはアメリカの木材生産地に広がっている。

（20）Dasos Capital Oy

　当社はヘルシンキを本拠地とし、2 つの Dasos Timberland Fund のための投資アドバイザーの会社である。この 2 つのファンドはいずれもルクセンブルクで登記されている。Dasos 社はヨーロッパを本拠地とする林地投資ファンドとしては比較的成功している会社の 1 つで、経営資産は 4 億 3,500 万ドルである。ファンドの資産の大部分はヨーロッパの国にあるが、マレーシアのサバのプロジェクトにも投資している。投資額の 70％はヨーロッパに、30％は発展途上のマーケットという具合に、

124

多様な世界的ポートフォリオを展開をしている。ターゲットとしている樹種は、ノルウェー・スプルース、スコッチ・パイン、カバ、ブナ、アカシア、ユーカリなどで、やや少ない割合でヤナギ、ポプラ、チーク、および亜熱帯性のパインである。2015 年、Dasos 社は北ヨーロッパで最大の独立した森林所有者の1つである Finisilva Plc の株を 50.1％取得した。今日 13 万 ha の森林資産の半分を所有しているわけだが、残りの株の所有者は Metsalitto Cooperative と Etera Mutual Pension Insurance Company で、この2社でそれぞれ Finisilva の株の 19.8％ずつ所有している。昨年 Dasos 社は、少なくとも4万 ha のヨーロッパの林地を取得した。

(21) Lyme Timber Company

Lyme 社は 1976 年に設立され、現金収益と独特な保全価値のある資産の獲得のための林地運営を専門とすることで、TIMO の世界で自身のための特定市場をつくりあげてきた。Lyme 社の本拠地はニューハンプシャーの Hanover にあり、現在のところ 26 万 7,000ha を含む4億ドルの資産を管理している。この会社はニューヨーク、テネシー、フロリダ、ウィスコンシン、カリフォルニアに主な森林資産を持っている。以前はケベックにも林地を所有していたが、それらの資産は売却されている。

(22) Pinnacle Forest Investments, LLC

Pinnacle Forest Investments, LLC 社は Pinnacle Timberland Management, Inc. 社によって完全に所有されている子会社の1つである。Pinnacle Timberland Management, Inc. 社は 2008 年8月にこの事業の独占的なオーナーである Barry Beers と Hank Page によって設立された。現在管理しているのはメーン州北部のおよそ 11 万 6,000ha と南東部の9州にまたがる3万 9,000ha を含む総額3億 7,400 万ドルの資産である。Pinnacle はアメリカ国内の林地にフォーカスした新しい林業基金を開発していて、現在のところそのフォーカスを他の国に広げる計画はない。2016 年8月、American Forest Management が Pinnacle のメーン州の 11 万 7,000ha を第2ラウンド入札で取得した。

(23) Olympic Resource Management

Olympic Resource Management（ORM）社は Pope Resources 社の材木地管理を専門とした会社である。Pope Resources 社は NASDAQ に公的に上場されている MLP（Master Limited Partnership）で、その取引符丁は POPE である。それは、1985 年に太平洋北西部の森林会社である Pope & Talbot から分離独立した新会社であった。ORM が管理しているのは Pope Resources が所有しているワシントンの4万 6,000ha と2つの民間会社が所有している3万 8,000ha であり、これにはカリフォルニアの 7,600ha、オレゴンの1万 5,000ha、ワシントンの1万 5,000ha が含まれている。Pope Resources は ORM のすべての材木投資基金の共同投資者となっている。

(24) The Forest Company Ltd

この会社の本部はイギリスにあるが、森林資産の全てはブラジルとコロンビアにある。この会社は機関投資家、家族的経営会社等を対象として非公開で募集した資金3億 8,000 万ドルで立ち上げられ

た投資会社で、2007年、Channel Island の Gurernsey で法人登記された。今まではブラジルとコロンビアの5つのプロジェクト、草地と造林地を合わせて4万5,968ha に投資をしている。この会社は FSC の認証森林のプロジェクトに対し投資を行っており、伐採目的の天然林の取得は行っていない。

(25) Aitchesse Limited

このスコットランドの TIMO は寄付金、家族的経営会社、専門的な投資家などから2億ポンド以上の投資を受け、およそ3万ha の生産林地を経営している。2015年11月、Aitchesse 社はロンドンに本拠地がある資産経営専門会社グループの1つである Gresham House plc 社に買収された。2016年2月 Gresham House は、傘下の Aitchesse Limited 社が2,500万ポンドを目標としている新たな森林ファンド Scottish Limited Partner と再編しようとしていることを発表した。この新たな森林ファンドはスコットランドにある1,975ha の森林を1,200万ポンドで取得する予定。

(26) Quantum Global Alternative Investment AG

この会社は、未公開株への投資、投資の運営・管理、個人資産の運営・管理、マクロ経済分析、計量経済モデリングなどを行う世界規模のグループ会社である。Quantum Global 社のチームは、木材ファンドへ2億5,00万 US ドルを投資しており、併せてインフラ、農業、鉱業、ホスピタリティー業界、ヘルスケア業界、等に対しても投資を行っている。木材ファンドへの投資はアフリカのサブ・サハラ地区に対する最大の木材投資である。

最近この会社は、アンゴラ政府から8万ha 以上の造林地（ほとんどがユーカリ）のリースを受け、さらにアンゴラの Planalto 地区にチップ生産用の造林地を開発した。アンゴラ政府の古い造林地はこの会社のプロジェクトに合併された。アンゴラ政府の特別許可の一部として、この会社は今後5年以内に、およそ5,000万ドルの投資により、新たな造林、インフラ整備、木材加工工業を行うことを狙っている。

(27) Green Resources

Green Resources 社は1995年、ノルウェーで設立・登記された会社で、アフリカで事業を展開している。設立以来2万6,000ha 以上の造林を行い、アフリカにおいて他のどのファンドよりも多くの造林を行った。2015年時点で、この会社の上位7つの株式所有者は、Diversified International Finance 社（21%）、Phaunos Timber Fund 社（14%）、New Africa/Asprem 社（11%）、Macama Invest 社（7%）、Steinerud 社（6%）、The Resource Group TRGAS 社（5%）で、残りは80近い会社及び個人の投資家が株を所有している。しかし、2016年 Phaunos Timber Fund 社はこの会社が所有していた Green Resources 社の株14%を売却し、その他の株式所有者も株を売却している。2016年中頃の時点で、Green Resources 社は4万1,600 ha の造林地を所有しており、それは、モザンビークに1万8,000ha、タンザニアに1万7,200ha、ウガンダに6,400ha などである。2016年中頃、Green Resources 社の造林地は、新たに GSFF 社および UPM 社から手に入れた森林を除き、すべて FSC の認証を受けている。現在この会社は、ウガンダとタンザニアにおいて製材工場、タンザニア

でチップ及び練炭プラント、ウガンダ及びモザンビークで柱生産プラントを経営しており、これらの工場の投資総額は1,600万米ドルである。さらにこの会社の経営資産の総額は1億8,000万米ドルである。

（28）Global Environment Fund

Global Environment Fund（GEF）は国際的なオルタナティブ資産マネージャーで、およそ10億ドルの資産を運営・管理している。1990年に設立され、ワシントンDCを本拠としている。GEF社は他の多くのTIMOより冒険好きであり、「先駆的な（pioneer）」国々に早くから進出し、いくつかのケースではその後の売却により利益を得ている。この会社は早くから南アフリカに進出し、2004年、SAFCOL（South Africa Forestry Company）の民営化に際して大量の権利を購入し、その多くを2007年に売却している。2008年にGEF社はマレーシアのサバ州北部のHijauan Bengkoka Plantationを購入したが、それはNew Forests社に転売された。またアルゼンチンCorrientesのEmpresas Verdes Argentinaのプランテーションも取得したが、同じようにこれはHarvard社に売却している。現在この会社はその森林経営の事業のすべてをアフリカに集中させている。2016年半ばでGEF社は総額で1億6,000万ドルを投資し、約11万haの造林地をアフリカに所有しているが、これには南アフリカの8万ha（5万3,000haのパイン林と2万7,000haのユーカリ林）、スワジランドの2万2,000ha（ユーカリ林）、タンザニアの8,000ha（チーク林）が含まれ、これに加えてガボンに56万8,000haの天然林の使用権を所有している。

（29）Latifundium Management GmbH

この会社は、ドイツを本拠地とする林地投資・経営会社で、1億3,000万ユーロ以上をフィンランド、アメリカ、パナマ、アルゼンチン、ウルグアイニュージーランドに投資している。Latifundium社は現在、富裕層や資産家ファミリーを対象とした投資信託資金や、いくつかのマネージド・アカウントの資金を運用している。この会社の最大の資産はフィンランドの約2万haの森林で、現在フィンランドで5番目に大きい森林所有者である。この会社は2016年の時点で、世界で29位のTIMOである。

（30）UB（United Bankers）Nordic Forest Management

United Bankers（UB）社はフィンランドを本拠地とする仲介業者である。この会社は1995年資産運営会社としてスタートし、2007年、United Bankers社のファンド運営と多様な投資への展開を目指してUB Fund Management Company Ltdとして再スタートを切った。2015年末までに、UB社は15のファンド、合計15億ユーロを運営するようになった。この15のファンドのうちの1つがUB Nordic Forest Managementであり、このファンドの最初のものが2014年にスタートした。2016年までに、2つのファンドで、フィンランド東部で合計5万2,800ha, 1億2,700万ユーロが運営されている。この会社がTIMO第30位である。

資　　料

| | 資料1 |

生物多様性保全に関する日本製紙連合会行動指針

2014 年 6 月 20 日

　製紙産業は、地球上の生物多様性の揺籃地であり、CO_2 の吸収源として地球温暖化防止にも大きく貢献している「森林」から、再生可能でカーボンニュートラルな「木材」という生態系サービスの恩恵を受けて、「紙」という人間生活にとって不可欠な物資を供給する産業である。

　製紙産業の企業活動が生物多様性に影響を及ぼす分野としては、原料の造成・調達、原紙の製造及びそれに伴う環境負荷の低減、エネルギーの利用、原紙の加工・販売などその企業活動全般に及ぶが、特に、積極的な保全により生物多様性への負の影響の低減に貢献できる分野は、（1）原料である木材資源を自ら造成するにあたって推進する持続可能な森林経営（Sustainable Forest Management）、（2）原料である木材資源が環境・社会面の影響に配慮した持続可能な森林経営から供給されたものであることを確認する責任ある原料調達（Sustainable Procurement）、（3）企業が自主的に行う社会的な環境貢献活動（Social Contributions as CSR（Corporate Social Responsibility））である。

　よって、製紙産業のこれらの企業活動において、生物多様性の保全に最大限の配慮を行うことは、製紙産業にとって当然の社会的義務であるとともに、その産業競争力の源泉でもある。

　このため、生物多様性の保全が製紙産業にとって極めて重要であることを深く認識し、ここに日本製紙連合会は「生物多様性保全に関する日本製紙連合会行動指針」を策定し、会員企業の、生物多様性条約（Convention on Biological Diversity（CBD））において定められている生態系レベル、種レベル及び遺伝子レベルにおける、生物多様性配慮の指針とする。

1．企業体制

・会員企業は、「生物多様性の企業行動指針」を策定するなど、企業の経営方針の中に生物多様性の保全の概念を取り入れ、その実現に取り組むことを明示するよう努める。

・会員企業は、その執行体制において、企業活動における生物多様性の保全を担当する責任者を明確にするよう努める。

・会員企業は、日本製紙連合会「環境行動計画」の自然共生社会の実現等の五つの環境方針に基づいて、その企業活動の中で CO_2 排出量の削減、古紙利用率の向上によるリサイクルの推進、産業廃棄物の最終処分量の削減、化学物質のリスク管理など環境問題に積極的に取り組むことにより、生物多様性に対する影響の低減に努める。同時に企業活動が行われている地域社会及びその周辺の

131

生態系への影響に配慮し、生物多様性の保全に資する活動に積極的に関わるよう努める。

・会員企業は、生物多様性の保全に関わる NGO（Nongovernmental Organization）、自然保護団体、消費者団体、学識経験者、マスコミ等ステークホルダーとの積極的な意見交換に努めるとともに、その意見が適切かつ本指針に即した対応が必要と判断される場合には、企業活動にその意見が反映されるよう努める。

・会員企業は、生物多様性の保全に関する取り組みをホームページ、CSR・環境報告書等で対外的に情報公開するとともに、ユーザー、一般消費者等に広くその取り組みが理解されるよう積極的な広報に努める。

2．持続可能な森林経営（Sustainable Forest Management）

・会員企業は、自らが所有又は管理する国内外の森林について、その管理経営計画において生態系レベル、種レベル及び遺伝子レベルにおける生物多様性の保全を明確に位置づけるよう努める。

・会員企業は、海外植林事業の推進にあたって、2006 年に策定された FAO（Food and Agriculture Organization）の「責任ある植林経営のための自主的指針」等に基づき、河畔林の保護や保護樹帯の確保、保護価値の高い森林生態系の保全、適切な樹種の選択等生物多様性の保全に配慮した森林施業の実施に努める。

・会員企業は、国内外における植林事業の実施及びそれに伴う自社有林の管理・経営にあたって、生物多様性の保全を始めとする持続可能な森林経営を推進する観点から、FSC（Forest Stewardship Council）、PEFC（Programme for the Endorsement of Forest Certifications）、SGEC（Sustainable Green Ecosystem Council）等の森林認証（Forest Management 認証）の積極的な取得に努める。

・会員企業は、自らが所有又は管理する国内外の森林の管理・経営方針を策定するにあたって、環境 NGO や地元住民など生物多様性の保全に関わるステークホルダーとの積極的な意見交換に努める。

・会員企業は、自らが所有又は管理する国内外の森林の管理経営計画の実施にあたって、生物多様性の保全について定期的にモニタリングするとともに、その結果をフィードバックして管理経営計画を改善するエコシステム・マネージメントの実施に努める。

3．責任ある原料調達（Sustainable Procurement）

・会員企業は、その「原料調達方針」において、生物多様性の保全に配慮することを明示するよう努める。

・会員企業は、「違法伐採問題に対する日本製紙連合会の行動指針」に基づき、違法に伐採され、違法に輸入された木材・木材製品を一切取り扱わないことにより、違法伐採の根絶を通じて生物多様性の保全を図るよう努める。

・会員企業は、製紙原料の木材チップ、パルプなどの木材資源を調達するにあたって、その合法性や生物多様性の保全などの持続可能性を確認するよう努める。そのために、サプライヤーからトレーサビリティ・レポートを提出してもらうとともに、その信頼性・正確性を確保するため現地調査を行うなど、原料のトレーサビリティの確保に努める。

・会員企業は、生物多様性の保全等の持続可能性が確認された FSC、PEFC、SGEC 等の森林認証を取得した原料の調達を拡大するよう努める。

・会員企業は、トレーサビリティの確保の取り組みについて、その信頼性・透明性を確保するため、関連書類の5年以上の保管、内部監査や第三者監査の実施、その実施状況の情報公開等に努める。

4．社会的な環境貢献活動（Social Contributions as CSR）

・会員企業は、国内の社有林等自社の自然資本を活用して、希少な野生生物の保護、環境教育の場の提供、生態系に関する学術研究など生物多様性の保全に資する社会的な貢献活動の実施に努める。

・会員企業は、放置された広葉樹二次林、林地残材や竹材、虫害材等の未利用資源の活用などを通じて、生物多様性を保全し、バイオマス資源の恵みをもたらす里地・里山の保全に資する社会的な貢献活動の実施に努める。

・会員企業は、製紙工場の緑化、工場見学等による地域社会との交流、生物多様性の保全等についての環境講演会の開催など生物多様性の保全に関連する社会的な貢献活動の実施に努める。

5．対外的な連携の強化

・会員企業は、日本製紙連合会が会員である日本経済団体連合会自然保護協議会が協賛する「生物多様性民間参画パートナーシップ」に参加するなど民間の生物多様性保全の取り組みに積極的に協力するよう努める。

・会員企業は、世界の製紙団体の連合体である ICFPA（International Council of Forest and Paper Associations）、国連や FAO 等の国際機関、国際環境 NGO などの生物多様性保全のための国際的な活動に積極的に協力するよう努める。

・会員企業は、環境省、林野庁、経済産業省等の行政機関が行う生物多様性保全のための行政施策に積極的に協力するよう努める。

以上

資料2

日本製紙連合会
合法証明デューディリジェンスシステム（ＤＤＳ）
マニュアル

2017 年 5 月

使用上の注意：

　本マニュアルを使用する場合には必ず以下の注意点を読み理解したうえで行うこと。
本マニュアルは、デューディリジェンスシステム・マニュアルの雛形例である。従って
本マニュアルをこのまま使用することはできない。システム上の様々なニーズは各社で
異なるという前提のもと、このマニュアルは各社内で実際に使用されている手続に合わ
せて適応化しなければならない。本マニュアルは、デューディリジェンスの手続きがど
のようなものであるかを示す一般例であり、制度に関する詳細についてはあくまで例と
して記載されている。また各社で記入が必要な部分は下線で表示されている。

○○製紙株式会社
[ロゴ]

合法証明デューディリジェンスシステム
マニュアル

２０○○年○○月○○日制定

２０○○年○○月○○日改訂

1．	はじめに ···	138
1．1	木材調達における DD プロセス ·······························	138
2．	使用文書 ···	138
3．	合法調達へのコミットメント ······································	139
4．	品質システム・管理 ··	139
4．1	責任部署・責任者及び担当部署・担当者 ···················	139
4．1．1	責任者・担当者 ··	139
4．2	研修・能力育成 ···	139
4．3	DD システム（DDS）改訂のプロセス ······················	140
4．4	記録管理の手続き ··	140
4．5	対外コミュニケーションにおけるルール ···················	140
5．	原材料の保管 ··	141
6．	適用範囲 ···	141
7．	サプライチェーン情報へのアクセス ······························	141
7．1	サプライチェーン情報の収集 ···································	142
7．2	サプライチェーンに関する情報へのアクセス ··············	142
7．2．1	情報更新・改変 ··	142
7．2．2	情報のギャップに関する評価 ································	143
8．	リスクアセスメント ··	143
8．1	認証・合法性証明木材の使用 ···································	143
8．2	リスクアセスメントチェックリスト ·························	144
8．3	リスクアセスメントの流れ ·····································	145
9．	リスク緩和措置 ···	146

137

1．はじめに

本マニュアルは、＿＿＿＿＿社が木質原材料の調達において DD を行うことにより、弊社が違法に伐採された木材製品を調達するリスクを最小化することを目的としている。

＿＿＿＿＿社の主な事業は＿＿＿＿＿＿＿である。

本マニュアルとその各項目の実行にあたって、デュー・ディリジェンス（DD）とは、＿＿＿＿＿社が違法に伐採された木材・木材製品を調達するリスクを最小化するために弊社が事業行為においてとる一連の措置を意味する。

本マニュアルの内容は、米国レイシー法、EU 木材規則（違法伐採によって取得された林産物を規制する規則）、オーストラリア違法伐採禁止法、及び日本の合法伐採木材等の流通及び利用の促進に関する法律に準拠するために作成されている。

本文書中にある DD の各過程は弊社の全サプライヤーに適用する。

1．1　木材調達における DD プロセス

本マニュアルにおいて、デュー・ディリジェンス（DD）とは、以下の３つの段階を踏み木材の違法リスクを最小化することを意味する：

（1）必要情報へのアクセス

（2）リスクアセスメント

（3）リスク緩和措置

✓ （2）でリスクが低いことが確認できれば、（3）を行う必要はない。

✓ （3）でリスクが緩和できない場合には、当該製品の購入をやめる。

2．使用文書

本マニュアルに従い行う DD においては、以下の文書を併せて使用する。

文書名	備考
違法伐採対策に対する日本製紙連合会の行動指針	
生物多様性保全に関する日本製紙連合会行動指針	
製紙業界の違法伐採対策	
日本製紙連合会違法伐採対策モニタリング事業	
日本製紙連合会「環境行動計画」	
製紙業界の違法伐採対策の取り組み状況について	

3．合法調達へのコミットメント

_____社の原料調達方針を参照。　（本文を掲載、あるいはＵＲＬ）

4．品質システム・管理

4.1　責任部署・責任者及び担当部署・担当者

本マニュアルに従って DD を実行する場合の責任部署及び責任者並びに担当部署及び担当者。

4.1.1　責任者・担当者
本マニュアル中にある諸条件への準拠に責任を持つのは、以下の責任者とする。

　　　　[氏名]

　　　　[職務]

　　　　[連絡先住所]

　　　　[電話番号]

　　　　[メールアドレス]

本マニュアルの実施を担当するのは、以下の担当者とする。

　　　　[氏名]

　　　　[職務]

　　　　[連絡先住所]

　　　　[電話番号]

　　　　[メールアドレス]

4.2　研修・能力育成

研修について：

- _____（例：調達に関わる全員）を対象とする
- _____（例：半年に一度）行う
- _____社の調達方針及び本マニュアル中の DD の各過程がきちんと準拠されることを目的として行う
- 日付や参加者を含む研修記録を取り保管しておく
- 初めて参加する社員の研修は、すでに研修を受けた社員が責任を持って行う
- 研修やその他の能力育成に関わる記録は、５年間保管しておく

4.3　DD システム（DDS）改訂のプロセス

- DD の責任者は（、または必要に応じて独立第三者が）、DDS の維持、見直し、改訂を 1 年に 1 度行う
- サプライチェーンに変更があった場合、新規のサプライヤーから購入する場合、または新しい製品・樹種・原産国などが調達対象になった場合には、その都度、サプライチェーンとリスクアセスメントの結果を見直し、必要な場合には DDS を改訂する

4.4　記録管理の手続き

- DD におけるすべての課程、要素について記録を取る
- 記録はデジタルあるいは紙ベースのものとする
- 記録は最低 5 年保持する
- DD の実行のために必要な記録文書としては、以下のものとする：
  （例）

> 売買契約書
> 協定書
> 請求書
> インボイス
> トレーサビリティレポート
> 森林認証証書
> 団体認定書
> 合法証明書
> 内部監査報告書
> 第三者監査文書
> 現地確認報告書

4.5　対外コミュニケーションにおけるルール

＿＿＿＿＿＿社は、DD を本マニュアルに従って行った場合でも、製紙連合会のデューディリジェンス認証／証明を受けたという表現を、請求書、パッケージ、木材製品そのもの（ただしこれらに限定されない）に使用しない。例として使用できない表現は、「リスクアセスメント済み」「リスクアセスメント済み木材」「低リスク木材」「独立第三者監査済み木材」など。パンフレット等でデューディリジェンス制度について説明する場合には、「独立第三者認証」という表現は使用しない。「無視できるリスク」という表現は、製品のリスク評価について説明する場合には使用してもよいが、製品説明とし

ては使用しない。ただし、「製品のリスクを評価するために、日本製紙連合会のマニュアルに即して作成した○○製紙株式会社・合法証明デューディリジェンス・マニュアルに基づいて、＿＿＿＿社で社内デューディリジェンスを行った」という説明はしてもよいものとする。

5．原材料の保管

● 購入、加工、梱包、輸送の間を通して、購入した原材料を、由来の不明な可能性のあるものが万が一混入した場合には、違法な可能性のあるものと分けて管理する
● 担当者は上記を確実にし、由来の不明な可能性のあるものが万が一混入した場合には、購入した原材料を指定場所への保管や見取り図面上での表記などにより、目視確認できるようにしておく
● 第三者認証製品、第三者合法性証明製品、認証管理木材はそれぞれの条件に従って保管する

6．適用範囲

以下の表に対象となる製品を記載する。国産原料については、樹木分布区域図・区域別樹木リストも利用のこと。

製　品	伐採地 （基本、海外は州レベル、 国内は県レベル）	樹　種　名 （国内は分布区域番号）	学　名
木材チップ（輸入）			
木材チップ（国産）			
パルプ（輸入）			
パルプ（国産）			
木質燃料（輸入）			
木質燃料（国産）			

7．サプライチェーン情報へのアクセス

下記のサプライチェーンに関する情報を、調達前に収集する／アクセスできるようにしておく。そのために、サプライヤーから情報提供について契約文書や誓約書等を通して合意を得ておく：.

     a. 製品の種類
     b. 製品の樹種の通称と学名
     c. 原産国、伐採地域、国内においては都道府県等
     d. 木材製品が製造された国
     e. 製品のサプライヤー・リスト（商号、国名、住所）

サプライヤーの商号	国名	住所	製品の種類

（サプライヤー・リストについては、企業秘密に当たるので、別途作成の上、ＨＰで公表するマニュアルには表のみの掲載でよい。）

f. マニュアルの対象となる購入予定の木材製品の量

g. 該当する場合は以下を含む、木材・木材製品が関連適用法規制に準拠することを示す文書またはその他の情報

- FLEGT ライセンス材及び CITES 材
- FSC 認証証明書及び PEFC との相互認証制度の認証証明書[1]
- 第三者合法性証明システムへの準拠を示す文書
- EU 木材法、オーストラリア違法伐採禁止法によって認められた文書[2]

h. サプライチェーン図

7.1 サプライチェーン情報の収集

情報収集は、トレーサビィリティレポートにより、リスクアセスメントがきちんとできるレベルで行う。

7.2 サプライチェーンに関する情報へのアクセス

サプライチェーンに関する情報が不足していることは、リスクを意味する。この場合リスク緩和措置を取る。

7.2.1 情報更新・改変

サプライチェーンやサプライヤーに関する情報は、以下のタイミングで更新する：

---

1 サプライヤーの CoC 認証だけでなく製品そのものの認証を必ず確認すること。

2 日本製紙連合会『H26 年度 海外植林におけるナショナルリスクアセスメント手法の開発 報告書』中の82 頁〜88 頁、添付資料 2「EU 木材規制のためのガイダンス文書」を参照。また、日本製紙連合会『H26年度 海外植林におけるナショナルリスクアセスメント手法の開発 報告書』中の関連部分参照：EU は「3.1.4 補足法とガイダンス」、オーストラリアは「3.3.2 デューディリジェンス（DD)」を参照。

- 年に一回
- サプライチェーンに変化があった場合

7.2.2　情報のギャップに関する評価

リスクアセスメントの前に、サプライヤー情報は確認しておくこと。不足する情報について評価し、これを情報のギャップと考えること。

8．リスクアセスメント

リスクアセスメントでは、以下を含む項目についてリスクが無視できるか否かを検討する：
- 製品
- 樹種
- 原産地
- サプライチェーンの複雑さ

リスクアセスメントについては、「違法伐採対策モニタリング事業の調査マニュアル」（チェックリスト）に基づいて実施する。

基本的に、以下の条件すべてが満たされる場合、リスクは無視できると考えてよい。

＊ただし詳細は、欧州木材貿易連盟発行文書 ETTF System for Due Diligence、特に Annex 5.B「リスク特定表」を参照しつつ行う。

　　a）原産国は国連安全保障理事会または欧州連合理事会によって木材貿易を禁止されていない

　　b）サプライチェーン中に、証明された違法行為は全くない

　　c）原産国または樹種について違法性の蔓延は報告されていない

　　d）サプライチェーン中には、特定することのできた企業のみ、限定的な数しか存在しない

　　e）木材または木材製品が適用法令に準拠することを示すために必要な文書はすべて、サプライヤーによって用意されている

　　f）原産国の腐敗レベルが低い

認証・合法性証明木材、認証管理木材（コントロールドウッド）の場合　→　8.1 に従い制度の条件と FM レベルでのリスクを評価

上記以外の場合 → 8.2 に従う

8.1　認証・合法性証明木材の使用

認証済みの木材製品の場合には、各基準を欧米規制に適合した FSC または PEFC の相互認証制度であれば、各制度で定められる規定に従い実際の製品の認証が確認でき、さらに FM 認証レベルで違法性に関する重大な問題が報告されていない場合、リスクは無視できるレベルとみなす。認証管理木材についても同様の扱いとする。それ以外の認証制度の場合、8.2に従いリスクアセスメントを行

う。

8.2 リスクアセスメントチェックリスト

8.1 でリスクが無視できるレベルと特定できない場合、以下のチェックリストに従ってリスクアセスメントを行う。

European Timber Trade Federation（ETTF）のチェックリスト

リスクアセスメントを完結できるリスクのカテゴリー	1．FLEGT（※）材か？
	2．国連安全保障理事会や EU 理事会からの木材貿易禁止令が出ているか？
	3．ワシントン条約記載樹種を含んでいるか？
	4．ワシントン条約のもと、正当な許可と必要書類があるか？
認証状況	5．サプライヤーと製品の両方が、EU 木材法の適用条件すべてに適合する、信頼できる第三者認証制度の認証を受けているか？
	6．受け取った製品に、その製品の認証を確認できる情報が付帯しているか？
	7．CoC がつながっており、サプライヤーの認証が有効であることが確認できるか？
樹種のリスク	8．使用樹種に違法リスクがないか？
原産地リスク	9．原産国 / 地における伐採に関して第三者の権利の侵害など人権リスクを含む違法行為の重大なリスクがないことが確認できるか？ 確認に使用する参考サイト： ・グローバルフォレストレジストリー（FSC のナショナルリスクアセスメントと連動）（随時更新） http://www.globalforestregistry.org/ ・トランスペアレンシー・インターナショナルの腐敗認識指数（毎年更新） http://www.transparency.org/cpi2015 ・その他、研究機関、NGO などの報告書[3]
サプライチェーンのリスク	10．サプライチェーンに関する情報に、製品の原産地を確認し管理の程度を特定できるレベルでアクセスできるか？
	11．加工や輸送の段階で、無視できないリスクを持つ製品（原材料）と混ざったりすり替わったりしていないか？
	12．樹種、数量、品質の分類は、関連規制に従ってなされているか？

（※）Forest Law, Enforcement, Governance and Trade program（森林法施行・ガバナンス・貿易プログラム）

3　英国王立国際問題研究所、世界銀行、インターポールなどは違法伐採問題の報告書を出している。

8.3 リスクアセスメントの流れ

以下のフローチャートは、リスクアセスメントの流れを示したものである。全般にリスクがより低いと見なしたのは① FSC または PEFC 認証製品の場合、②腐敗認識指数（CPI）が高い国（腐敗度の低い国）である。②については基本的に CPI が高い先進国からの木材全般を違法リスクレベルがより低いとみなす考えである。ただし、①、②いずれの場合も、伐採国レベルで重大な違法リスクの報告がないかどうかを確認する。

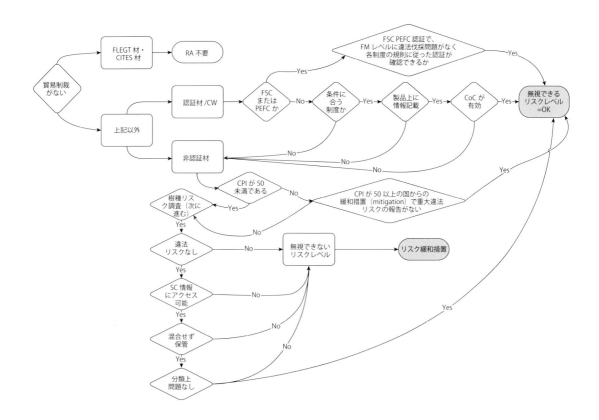

9．リスク緩和措置

リスクアセスメントの結果、リスクレベルが無視できないものであった場合、リスク緩和措置として以下の要素を含んだ以下の手続きを踏む。（どのような手続きを取るかはリスクの種類や程度、または第三者証明や代替製品があるか否かなど、様々な要素によって異なってくる。[4]）

（例）

1．追加情報や文書の要請をする
2．自社でサプライチェーン監査を行う
3．第三者証明
4．無視できないリスクレベルに該当するサプライヤーや製品の代替

4　詳しい例は、日本製紙連合会『H27 年度海外植林におけるナショナルリスクアセスメント手法の開発 報告書』中の表「リスク緩和措置とその強度（ETTF DDS 文書より）」及び添付資料 8-1 中のリスクアセスメントの部分を参照。ETTF ではリスク緩和措置行動計画の作成を推奨している。

資料3

（一般社団法人）海外産業植林センターへの
調査委託の経緯

日本製紙連合会委託調査

調査事業	年度	調査先等
海外産業植林適地調査	平成 10 年度	アルゼンチン、インドネシア
	平成 11 年度	ウルグアイ、フィリピン
	平成 12 年度	ニカラグア、オーストラリア
	平成 13 年度	メキシコ、インド
	平成 14 年度	ラオス
	平成 15 年度	ガイアナ
	平成 16 年度	パナマ共和国
	平成 17 年度	カンボジア共和国
	平成 18 年度	インドネシア、西カリマンタン州
	平成 19 年度	マレーシア、サラワク州
	平成 20 年度	インドネシア、ランプン州
	平成 21 年度	メキシコ、ゲレーロ・ミチョアカン州
	平成 22 年度	ミャンマー連邦
	平成 23 年度	マレーシア（マレー半島）
針葉樹植林の賦存実態等調査	平成 11 年度	ニュージーランド、オーストラリア
	平成 12 年度	ブラジル、チリ
	平成 13 年度	中米、メキシコ、米国南部
	平成 14 年度	米国西部
	平成 15 年度	カナダ
	平成 16 年度	ニュージーランド、オーストラリア
JI・CDM 植林クレジット技術指針調査	平成 14 年度	関連情報の収集等
	平成 15 年度	PDD モデル（プロジェクト設計書）の作成
中国における早生広葉樹植林賦存状況調査	平成 16 年度	広西壮族自治区
	平成 17 年度	広東省、海南省
	平成 18 年度	湖南省
	平成 19 年度	山東省
	平成 20 年度	総括（中国全土）
インドにおける早生広葉樹植林賦存状況調査	平成 26 年度	インド南部

早生樹種の萌芽更新に関する調査	平成16年度	オーストラリア
	平成17年度	ブラジル、ポルトガル
施肥管理による地力向上と植林木の成長促進に関する実態調査	平成17年度	ブラジル、オーストラリア
海外植林地CO_2吸収・蓄積量評価・認証システム	平成21年度	炭素蓄積量及びCO_2吸収量の算定・評価方法の確立他
	平成22年度	評価認証システムの試行（ベトナム国）及び運用開始（認証書の発行）
	平成23年度	CO_2吸収量評価認証システムの構築
海外植林地における生物多様性配慮に関する調査・研究	平成24年度	生物多様性配慮のあり方並びに広報及びステークホルダーとの良好な関係形成のあり方
	平成25年度	生物多様性配慮に関する行動指針の策定及び生物多様性配慮についての広報戦略の策定
海外における木質バイオマス植林実施可能性調査	平成24年度	木質バイオマス需給の現状、木質バイオマスの需要予測、木質バイオマス専用のプランテーションの現状
	平成25年度	東南アジアにおける燃料用の木質バイオマス及び非木質バイオマス（PKS等）の賦存状況調査
海外植林におけるナショナルリスクアセスメント手法の開発	平成26年度	EU木材規制法やFSC、PEFC等森林認証のDDにおけるナショナルリスクアセスメント手法に関する情報の収集及び分析
	平成27年度	EU木材規制法、豪州の違法伐採禁止法や我が国の合法伐採木材利用法に対応した製紙業界の合法性証明DDマニュアルの作成
海外植林における遺伝子組み換え樹木植林可能性調査	平成26年度	遺伝子組み換え樹木に関する技術開発の現状、カルタヘナ議定書等に基づく規制措置、森林認証等における取り扱い、商業的植林に向けての最新の動向等について情報収集及び分析
	平成27年度	遺伝子組み換え樹木の商業植栽に取り組んでいる米国のArboGen社及びブラジルのFuturaGene社の現地実態調査
	平成28年度	中国における遺伝子組み換え樹木の植林実態調査並びに森林認証制度FSC、PEFC及び国際環境NGOであるWWFの遺伝子組み換え樹木に関する基本的考え方についての訪問調査

海外植林事業の新たな経営手法の開発調査	平成 28 年度	林地投資経営組織（TIMO）や不動産投資信託（REIT）の実態及びその経営形態、並びに植林、買収、M&A 及び資本参加を行うにあたっての手法及び留意点についての分析調査
	平成 29 年度	TIMO の Hancock 社や REIT の Weyerhaeuser 社の現地調査、世界中の森林投資企業が参加する World Forestry Center 主催の国際会議での情報収集並びにオーストラリアの TIMO である New Forests 社の植林地における森林施業の実態調査
GIS 及びレーザー計測技術による海外植林地管理システムの導入可能性調査	平成 29 年度	衛星測量、航空測量、ドローン測量、バックパック型測量などのレーザー計測の最新情報の収集・比較、GIS や 3 次元レーザースキャナの情報解析技術の特長についての分析調査、並びに GIS 及びレーザー計測による海外植林地管理システムの導入可能性の検討

日本製紙連合会委託事業

事業	年度	場所
FAO による植林施業基準書作成事業への参画	平成 17 年度	FAO 本部（ローマ）
FAO 施業指針の和訳報告	平成 18 年度	―

（参考）林野庁受託事業

調査事業	年度
熱帯生産林（人工林）施業基準等調査	平成 10〜11 年度
開発途上国人工林環境影響調査	平成 12〜14 年度
CDM 植林技術指針調査	平成 15〜19 年度
CDM 植林総合推進事業 （有効化審査を受ける際に参考となる対応指針の作成） ①　マダガスカル、中国（広西チワン族自治区）	 平成 20 年度
②　モルドバ、インド（ハリヤナ州シルサ地区）	平成 21 年度
③　ブラジル（ミナス・ジェライス州）	平成 22 年度
④　中国広西チワン族自治区北西部の劣化した土地における再植林事業	平成 23 年度
⑤　インド（カルナータカ州）の再植林事業	平成 24 年度

2018年6月1日　第1版第1刷発行

地球を緑に II
——産業植林調査概要報告書——

編　者 ———————— 海外産業植林センター（JOPP）

カバー・デザイン ——— 峯元洋子

発行人 ———————— 辻　　潔

発行所 ———————— 森と木と人のつながりを考える
　　　　　　　　　　　㈱日本林業調査会
　　　　　　　　　　　〒160-0004
　　　　　　　　　　　東京都新宿区四谷2－8　岡本ビル405
　　　　　　　　　　　TEL 03-6457-8381　FAX 03-6457-8382
　　　　　　　　　　　http://www.j-fic.com/
　　　　　　　　　　　J-FIC（ジェイフィック）は、日本林業
　　　　　　　　　　　調査会（Japan Forestry Investigation
　　　　　　　　　　　Committee）の登録商標です。

印刷所 ———————— 藤原印刷㈱

定価はカバーに表示してあります。
許可なく転載、複製を禁じます。

ⓒ2018 Printed in Japan. Japan Overseas Plantation Center for Pulpwood

ISBN978-4-88965-256-7

再生紙をつかっています。